吴志峰　林珲　主编
活力粤港澳大湾区丛书

活力粤港澳大湾区
之 生态环保

常向阳 等　编著

U0263187

SPM 南方出版传媒
广东科技出版社 | 全国优秀出版社
·广 州·

图书在版编目（CIP）数据

活力粤港澳大湾区生态环保 / 常向阳等编著；吴志峰、林珲丛书主编.
—广州：广东科技出版社，2020.10
（活力粤港澳大湾区丛书）
ISBN 978-7-5359-7405-1

Ⅰ. ①活… Ⅱ. ①肖… ②吴… ③林… Ⅲ. ①生态环境保护—概况—广东、香港、澳门Ⅳ. ① X321.265

中国版本图书馆 CIP 数据核字（2020）第 013958 号

活力粤港澳大湾区之生态环保
Huoli Yuegang'ao Dawanqu zhi Shengtai Huanbao

出 版 人：朱文清
策　　划：黄　铸
责任编辑：黄　铸
封面设计：李康道
责任校对：陈　静
责任印刷：彭海波
出版发行：广东科技出版社
　　　　　（广州市环市东路水荫路 11 号　邮政编码：510075）
销售热线：020-37592148 / 37607413
网　　址：http://www.gdstp.com.cn
E－m a i l：gdkjcbszhb@nfcb.com.cn
经　　销：广东新华发行集团股份有限公司
排　　版：广州水石文化发展有限公司
印　　刷：广州一龙印刷有限公司
　　　　　（广州市增城区荔新九路 43 号 1 幢自编 101 房　邮政编码：511340）
规　　格：889mm×1194mm　1/32　印张 8.375　字数 200 千
版　　次：2020 年 10 月第 1 版
　　　　　2020 年 10 月第 1 次印刷
定　　价：48.00 元

丛书序

2017年7月1日，习近平总书记出席了《深化粤港澳合作　推进大湾区建设框架协议》签署仪式，标志着粤港澳大湾区建设正式启动。2019年2月18日，《粤港澳大湾区发展规划纲要》正式颁布实施，标志着粤港澳大湾区的建设正式进入全面实施阶段。

一、建设粤港澳大湾区是国家战略

湾区是指由一个海湾或相连的若干个海湾、港湾、邻近岛屿共同组成的区域。湾区是海岸带的重要组成部分，有着独特的自然地理与资源环境特征。国际著名的湾区以开放性、创新性、宜居性和国际化为其最重要特征，同时还具备优越的地理构造、发达的港口城市、强大的核心都市、健全的创新体系、高效的交通设施、合理的分工协作、包容的文化氛围。《粤港澳大湾区发展规划纲要》的出台，标志着粤港澳大湾区建设正式上升为国家战略。

建设粤港澳大湾区是习近平总书记亲自谋划、亲自部署、亲自推动的国家战略，是新时代推动形成全面开放新格局的有力举措。

2014年、2018年全国"两会"期间，习近平总书记对广东工作作出重要指示，要求广东要以新的更大作为开创广东工作新局面，在构建推动经济高质量发展体制机制、建设现代化经济体系、形成全面开放格局、营造共建共治共享社会治理格局上走在全国前列。建设粤港澳大湾区，为广东、香港和澳门找到了发展的新定位，为广东、香港和澳门打造了新的发展平台，使广东、香港和澳门在新起点上扬帆起航。

二、建设粤港澳大湾区是一个创举

粤港澳大湾区包括珠江三角洲地区（简称珠三角）9座城市（广州、

深圳、珠海、佛山、惠州、东莞、中山、江门、肇庆），香港、澳门两个特别行政区。有别于世界其他湾区，粤港澳大湾区有着"一个国家、两种制度、三个关税区、四个核心城市"的特点，这在人类发展史上是一个创举。

《粤港澳大湾区发展规划纲要》提出了关于粤港澳大湾区的两个阶段性发展规划，近期至2022年，粤港澳大湾区综合实力显著增强，粤港澳合作更加深入、广泛，区域内生发展动力进一步提升，发展活力充沛、创新能力突出、产业结构优化、要素流动顺畅、生态环境优美的国际一流湾区和世界级城市群框架基本形成；到2035年，粤港澳大湾区形成以创新为主要支撑的经济体系和发展模式，经济实力、科技实力大幅跃升，国际竞争力、影响力进一步增强，宜居宜业宜游的国际一流湾区全面建成。

《粤港澳大湾区发展规划纲要》明确了粤港澳大湾区的五个战略定位：一是充满活力的世界级城市群；二是具有全球影响力的国际科技创新中心；三是"一带一路"建设的重要支撑；四是内地与港澳深度合作的示范区；五是宜居宜业宜游的优质生活圈。

三、粤港澳大湾区需要合适的配套读物

为了配合国家战略的实施，我们组织出版"活力粤港澳大湾区丛书"，满足读者全面、深入了解粤港澳大湾区的需要：

建设粤港澳大湾区，各级政府的工作人员需要有一套全面介绍粤港澳大湾区的通俗读物来学习、参考和查阅，满足工作方方面面的需求。

粤港澳大湾区的中小学教师需要一套全面介绍粤港澳大湾区的读

物，以便将建设粤港澳大湾区的内容融入历史、地理、思想品德和综合社会实践等课程当中。粤港澳大湾区的中小学图书馆应配备介绍粤港澳大湾区的丛书供学生学习与查阅。

前来粤港澳大湾区创业、居住或旅游的人们也需要一套相关的读物，以便深入了解粤港澳大湾区的情况。

粤港澳大湾区处在"一带一路"的重要起点，"一带一路"沿线国家和地区的人民与我国在经贸、文化方面来往密切，同样需要一套合适的图书了解粤港澳大湾区。

本丛书正好满足上述各类读者的要求，一书在手，粤港澳大湾区的情况便了然于胸。

四、本丛书特色

我们主要有以下几方面的构想和考虑：

(1) 讲好中国故事，增强文化自信，体现粤港澳大湾区丰厚的文化底蕴。《活力粤港澳大湾区之历史文化》全面和深入介绍粤港澳大湾区丰富的历史和文化，展现粤港澳大湾区文化软实力。

(2) 改革开放 40 多年来，粤港澳大湾区取得了辉煌的成就，《活力粤港澳大湾区之经济发展》和《活力粤港澳大湾区之科技创新》介绍了粤港澳大湾区经济和科技的发展情况，特别突出了粤港澳大湾区经济发展和科技创新的巨大成就，展现了粤港澳大湾区良好的发展前景。粤港澳大湾区五大战略定位中的第二、第三、第四项都在这两个分册中得到充分体现。

（3）生态文明建设是习近平新时代中国特色社会主义思想的重要组成部分。粤港澳大湾区将发展成一个大规模的城市群，其生态环保问题有着现代化城市的明显特点，因此，《活力粤港澳大湾区之生态环保》也突出这种特点，侧重介绍的内容有环境教育、城市河涌整治、海绵城市建设、污水处理、固体废物处理、循环经济、城市绿色生活方式等。

（4）粤港澳大湾区要建成宜居宜业宜游的优质生活圈，最大限度地提升人民的幸福感和获得感。为此，我们结合粤港澳大湾区的特色，规划出版《活力粤港澳大湾区之旅游观光》和《活力粤港澳大湾区之特色美食》两个分册。粤港澳大湾区五大战略定位中的第五项在这两个分册中得到了较好的体现。

建设粤港澳大湾区是一项系统工程，各方面的发展要求互相依存。我们选择上述 4 个方面作为切入点，规划出版本丛书的 6 个分册，基本能够全面和深入地介绍粤港澳大湾区的过去、现在和将来，希望可以较为全面地展现粤港澳大湾区的发展状况。

吴志峰　林珲

2020 年 5 月 8 日

前言

党的十八大报告提出"五位一体"的发展理念，将生态文明建设提升到与经济建设、政治建设、文化建设、社会建设同等重要的高度。

习近平总书记所强调的生态文明理论，就是要尊重自然、顺应自然、保护自然，要尽最大可能维持经济发展与生态环境之间的精细平衡，走生态优先、绿色发展的路子。

经过多年的努力，我国的生态环境大幅改善，人们深切体会到生态环境改善对社会经济和人民生活带来的良好效益，习近平总书记提出的"绿水青山就是金山银山"理念已经深入人心。

一、生态环保是发展的主旋律

建设粤港澳大湾区是国家发展战略。粤港澳大湾区建设过程中，生态文明建设必须处于优先位置。生态文明建设既为粤港澳大湾区各方面的发展提供基本的保障，更是粤港澳大湾区发展本身的一个重要组成部分。"绿色发展，保护生态"是粤港澳大湾区发展的主旋律。为此，我们组织编写了《活力粤港澳大湾区之生态环保》一书，结合粤港澳大湾区的实际，向民众普及生态环保知识。

在粤港澳大湾区发展战略定位中，要求大力推进生态文明建设，树立绿色发展理念，坚持节约资源和保护环境的基本国策，实行最严格的生态环境保护制度，坚持最严格的耕地保护制度和最严格的节约用地制度，推动形成绿色低碳的生产生活方式和城市建设运营模式，为居民提供良好生态环境，促进大湾区可持续发展。

"宜居宜业宜游的优质生活圈"是粤港澳大湾区发展五大战略定位

之一。要求坚持以人民为中心的发展思想，践行生态文明理念，充分利用现代信息技术，实现城市群智能管理，优先发展民生工程，提高大湾区民众生活便利水平，提升居民生活质量，建设生态安全、环境优美、社会安定、文化繁荣的美丽湾区。

二、本书的特点

《活力粤港澳大湾区之生态环保》一书是"活力粤港澳大湾区丛书"的一个分册，本书针对粤港澳大湾区的特点，结合粤港澳大湾区的实际，重点介绍粤港澳大湾区生态环保的情况和做法。

环境教育是生态文明建设最重要的一个方面，本书专门对环境教育作了介绍。做好环境教育工作，从青少年做起，提高民众的生态文明素养，生态文明建设的水平才可以不断提高。粤港澳大湾区社会发展水平高，环境教育水平也必须大幅提升，才可以与社会发展水平相适应。

粤港澳大湾区都市群聚集，人口密度很大，城市污水处理和城市垃圾处理问题特别突出。本书对城市污水净化过程进行了科普介绍，对城市垃圾（固体废物）处理过程也作了科普介绍，让读者了解这方面的知识，自觉配合做好有关的环保工作。

粤港澳大湾区要建成宜居宜业宜游的优质生活圈，人们居住环境与自然生态环境紧密交织在一起。本书特别介绍了粤港澳大湾区湿地公园建设和自然保护区的建设，还特别提到了鸟类迁徙廊道的建设。人与自然和谐相处，大大提升了人们的生活质量，使粤港澳大湾区成为名副其实的优质生活圈。

三、作者分工

本书作者均来自广州大学环境教育中心，他们多年来一直承担环境科研项目，具有环境工程的专业课程丰富的教学经验，在环境教育方面也做了大量的工作。

本书编写的具体分工如下：PART 1 环境教育决定未来，由李冬梅负责；PART 2 环境政策是保障，由黄羿负责；PART 3 打赢蓝天保卫战，由刘永慧负责；PART 4 水环境改善提升城市品质，由黄羿、刘玉贤负责；PART 5 大湾区城市污水处理，由孔令军负责；PART 6 关注土壤安全，由费颖恒负责；PART 7 生物多样性，由阎佳负责；PART 8 大湾区湿地保护，由刘玉贤负责；PART 9 固体废物处理处置及资源化，由苏敏华负责；PART 10 循环经济，由唐进峰负责；PART 11 城市绿色生活方式，由吴丽琴负责；PART 12 回顾与展望，由唐进峰负责。常向阳负责全书编写的组织和统筹工作。

我们希望通过本书，呼唤更多人加入到环境保护的行动中来，使我们的蓝天、碧水更美，环境更美好。

常向阳

2020 年 5 月 5 日

目录 CONTENTS

PART 1　环境教育决定未来

一、建设美丽中国是几代人的事业　　　002

二、什么是环境教育？　　　002

三、环境教育的主体和对象　　　003

四、环境教育在粤港澳大湾区　　　005

五、什么是绿色学校？　　　006

六、香港绿色学校奖　　　008

七、澳门绿色学校伙伴计划　　　008

八、绿色学校实例1：澳门培正中学　　　009

九、绿色学校实例2：广州市协和中学　　　011

十、什么是环境教育基地？　　　012

十一、环境教育基地实例1：
　　　广州市第一资源热力电厂　　　013

十二、环境教育基地实例2：
　　　华南植物园　　　015

十三、什么是绿色社区？　　　016

十四、绿色社区实例：广州市桃源社区　　　017

十五、自然教育与自然教育机构　　　　018

PART 2　政策措施是保障

一、香港新自然保育政策　　　　022

二、香港自愿性能源效益标签计划　　　　025

三、澳门环保酒店奖　　　　025

四、澳门"环保 Fun"计划　　　　026

五、广东省碳普惠机制　　　　027

六、广东省碳排放权交易　　　　028

七、"互联网＋垃圾分类"管理　　　　029

八、环境污染举报与投诉　　　　031

PART 3　打赢蓝天保卫战

一、大湾区内大气质量　　　　034

二、大湾区主要空气污染物及污染源　　　　036

三、大湾区酸雨与控制　　　　038

四、大湾区交通污染与控制　　　　040

五、大湾区挥发性有机物排放控制　　　　042

六、大湾区灰霾污染　　　　044

七、大湾区能源与空气质量　　　　046

八、大湾区臭氧污染　　　　047

九、大湾区 PM2.5 污染控制　　　　048

十、大湾区大气氮氧化物污染控制　　　　049

十一、城市室内空气污染　　　　051

十二、香港的室内空气质量管理　　　　053

十三、香港的空气污染控制　054

十四、大湾区的蓝天保卫战　055

PART 4 水环境改善提升城市品质

一、广州"互联网 + 河长制"治水　058

二、珠江水环境改善提升广州城市形象　058

三、海绵城市之深圳篇　061

四、海绵城市之珠海篇　063

五、海绵城市之广州篇　065

PART 5 大湾区城市污水处理

一、什么是城市生活污水？　070

二、格栅　074

三、沉砂池　075

四、生物处理　076

五、深度处理　080

六、广州老城区黑臭水体的整治　082

七、城市生活污水的污泥来源　084

八、城市污水污泥的焚烧　086

九、城市生活污水污泥的土地利用　087

十、城市生活污水污泥的堆肥　090

十一、广州生活污水处理厂　091

十二、香港生活污水处理厂　093

十三、深圳生活污水处理厂　096

十四、佛山生活污水处理厂　099

十五、珠海生活污水处理厂　　　　　　101

PART 6　关注土壤安全

一、大湾区的主要土壤类型和特点　　106
二、大湾区土壤环境质量现状　　　　107
三、大湾区土壤的长寿元素：硒　　　109
四、土壤中的污染来源和污染过程　　110
五、土壤的自净作用　　　　　　　　111
六、土壤退化与生态恢复　　　　　　113
七、农业土壤污染与风险控制　　　　115
八、重金属污染土壤的植物修复　　　117
九、生态农业与绿色食品　　　　　　119
十、城市"棕地"的治理与再开发　　121

PART 7　生物多样性

一、红树林滋养种类繁多的生物　　　126
二、大湾区水鸟生态廊道建设　　　　127
三、一级保护动物黑脸琵鹭　　　　　129
四、保护珠江口中华白海豚　　　　　131
五、大湾区特色自然保护区　　　　　133
六、长隆野生动物园中的保护级动物　136
七、环境污染对生物多样性的影响　　138
八、大湾区产业结构调整与生态环境的关系　139
九、保护生物多样性我能做什么　　　140

PART 8 大湾区湿地保护

一、南沙湿地公园 144

二、香港米浦湿地公园 157

三、广州海珠国家湿地公园 162

四、深圳西湾红树林湿地公园 165

五、深圳福田红树林生态公园 166

PART 9 固体废物处理处置及资源化

一、固体废物的分类 170

二、大湾区固体废物处理及资源化现状 171

三、大湾区垃圾填埋 175

四、大湾区垃圾焚烧 177

五、香港污泥处理厂"T·PARK" 178

六、广州资源热力发电厂 180

七、危险废物及其处理 181

八、香港化学和医疗危险废物处理 183

九、香港化学废物处理中心 184

十、废塑料的回收及重复利用 185

十一、厨余垃圾的处理 188

十二、固体废物热裂解技术 189

PART 10 循环经济

一、循环经济的概念 192

二、循环经济的"3R"原则 193

三、循环经济的支撑体系　　　　　195

四、发展评价指标体系　　　　　　196

五、环境评估　　　　　　　　　　198

六、金属废物　　　　　　　　　　198

七、塑料废物　　　　　　　　　　200

八、电子废物　　　　　　　　　　201

九、建筑垃圾　　　　　　　　　　203

十、玻璃垃圾　　　　　　　　　　205

十一、清洁生产在循环经济中的作用　206

十二、公民参与　　　　　　　　　207

十三、香港循环经济的情况　　　　209

PART 11 城市绿色生活方式

一、大湾区绿色生活方式理念的发展历程　212

二、绿色节能建筑　　　　　　　　213

三、环保家居室内装修与装潢　　　218

四、绿色食品与健康饮食　　　　　219

五、大湾区垃圾分类　　　　　　　220

六、绿色环保面料与旧衣改造　　　223

七、大湾区市民绿色出行情况　　　224

八、大湾区城市公园介绍　　　　　226

九、大湾区户外徒步路径介绍　　　234

十、大湾区"限塑令"介绍　　　　235

十一、屋顶绿化与有机栽种　　　　237

十二、环保生活产品的制造与生产　239

十三、大湾区"乐活市集"的兴起　240

十四、大湾区环保艺术展览 242

PART 12 回顾与展望

一、改革开放 40 年广州与深圳生态环保的发展 246
二、大湾区未来生态环保发展展望 248

PART 1

环境教育决定未来

一、建设美丽中国是几代人的事业

中国人向来追求人与自然的和谐，孔子曾说"钓而不纲，弋不射宿"，道家也崇尚天人合一。随着经济快速发展，人口激增，人们迷失了发展的方向，无休止地向自然索取，无休止地向地球排放废物。森林被砍伐、河流被污染、空气不再洁净、野生动物没了栖息的家园。人们在反思，地球家园为什么变成这个样子？这是我们一直追求的美丽家园梦吗？

从20世纪70年代开始，中国政府和人民就开始关注环境问题如何解决，1983年，第二次全国环境保护会议把环境保护确定为一项基本国策，由此确立了环境保护在国家发展中的地位。为保护生态环境，各类环境法律法规、标准制度相继制定和出台，成为制约人们环境行为的规范。十八大报告提出了"美丽中国生态文明建设"，报告中明确指出"把生态文明建设放在突出地位，融入经济建设、政治建设、文化建设、社会建设各方面和全过程，努力建设美丽中国，实现中华民族永续发展"。这是生态文明建设首次作为执政理念出现，也开启了建设美丽中国的新篇章。

如何建设美丽中国，这是一个长期的过程，需要当代人努力，也需要培养具有生态理念和可持续发展能力的接班人。

二、什么是环境教育？

如果问环境教育是什么，您可能会回答：环境教育就是在社区做垃圾分类宣传、在中小学开设环境教育课程，或者通过新闻媒体传播环境知识。如果有上述回答，说明您已经对环境教育有了一个初步的认识，这些都是开展环境教育的具体形式，也说明环境教育正在被更多的人所了解和接受。

　　"环境"和"教育"本是两个独立的词，将"环境"和"教育"两个词联结起来使用，是从20世纪60年代中期开始的，算一算大约有60多年的历史，但其实环境教育是18—19世纪伟大思想家、学者和教育家的智慧和思想的结晶。1948年，环境教育首次在巴黎召开的"世界自然和自然资源保护协会"会议上被提及，22年后，通过人们的不懈研究与实践，环境教育有了如下明确而经典的定义：

推进环境教育

　　"环境教育是一个认识价值和澄清观念的过程，这些价值和观念是为了培养、认识和评价人与其文化环境、生态环境之间相互关系所必需的技能和态度。环境教育还促使人们对与环境质量相关的问题做出决策，并形成与环境质量相关的人类行为准则。"

　　环境教育家卢卡斯对环境教育的定义为"为了环境的教育，关于环境的教育，在环境中的教育"，这是对环境教育非常好的诠释。

三、环境教育的主体和对象

　　所谓环境教育的主体和对象，就是谁在实施环境教育，谁在接受环境教育。你可能会说，环境教育的主体当然是学校，对象当然是学生！

走进大自然进行环境教育

其实环境教育分为学校环境教育和社会环境教育两种。

学校会面向学生开设环境类课程，或者把环境知识渗透进入语文、数学、物理等其他学科，或者在综合实践活动课程中纳入环境教育的内容，甚至将整个学校建设成环境教育的场所。除了学校会实施环境教育，非政府组织也会开展环境教育，比如近些年自然教育机构如雨后春笋般涌现出来，他们带着孩子走进大自然，倾听虫鸣鸟叫，观蜂飞蝶舞，触摸树木的年轮，闻泥土的芳香，让孩子感受生命的力量和生态的美好。新闻媒体也在做着环境教育工作，你会在公交车上看到反对捕食野生动物的公益广告、会在报纸上看到有关环境治理的新闻报道……

除了学校、非政府组织、新闻媒体，还有谁在做环境教育呢？是政府！政府是环境教育发展的主导力量，政府部门根据教育发展现状和未来发展趋势制定有关环境教育的规划、政策、方针和实施方案，如1996年原中国国家环保局、国家教育委员会、中共中央宣传部联合颁布了《全国环境宣传教育行动纲要（1996 — 2010 年）》，提出逐步开展绿色学校创建工作的规划，为全国学校环境教育指明了方向并提供了行动的依据。

这样看来，环境教育的对象是所有人，大学、中学、小学的学生，农民，企事业单位与政府的干部和职工……就是说，环境教育应该是全民教育。

四、环境教育在粤港澳大湾区

广东省是我国较早开展环境教育的省份，粤港澳大湾区（简称：大湾区）位于广东省的中南部。为推动环境教育发展，广东省通过绿色学校、绿色社区和环境教育基地创建工作，不断提升学校环境教育和公众环境教育的水平和能力。同时广东省也很重视发挥民间环保组织的力量，他们独立开展环境教育实践活动，或者承接政府的环境教育项目。经过10

多年的不懈努力，广东省环境教育取得了很好的成绩，如截至 2017 年年底，已命名的省级绿色学校（包括幼儿园）已有 1415 所。此外，广东省正在积极开展环境教育立法工作，《广东省环境教育条例》已被列入广东省十三届人大常委会立法规划。

香港重视学校环境教育和公众环境教育，强调终身教育和全民教育。特区政府在学校推行的环境教育政策有学生环境保护大使计划、绿色学校奖计划、童军环保大使计划和学校废物分类及回收计划等，通过这些计划的实施提高学生的环境意识，培养他们对环境负责任的态度和行为。香港重视在环境中的学习，自然教育径、自然保护区、海岸公园等发挥着公众环境教育的作用，如米埔湿地自然保护区根据自身的环境教育资源，开发出一系列的环境教育课程供市民选择学习。

澳门回归以来，社会经济急速发展，给环境带来各方面的冲击，例如固体废物数量的增加、水资源的匮乏、能源消耗量的不断上升及空气污染等。保护环境、低碳节能已不再单单是书本中的课题，而是与每位澳门居民日常生活息息相关的问题。因此澳门特区政府开始在学校推行"绿色学校伙伴计划"，通过这个平台培养未来"绿色时代"的主人对保护环境的责任意识，令其明白环境保护的重要性，从而能自觉地实践于他们的生活中。

五、什么是绿色学校？

绿色学校是什么？是环境优美的学校，是整洁卫生的学校，还是环保科技活动示范学校？这些都不能全面概括绿色学校。根据《绿色学校指南》，绿色学校是指在实现其基本教育功能的基础上，以可持续发展思想为指导，在全面日常管理工作中纳入有益于环境的管理措施，充分利用校内外一切资源和机会提高师生环境素养的学校。

具体来说，绿色学校是播散绿色种子，培养师生环境教育素养的场所；绿色学校是环境教育的一种方式；绿色学校是学校参与社会环境保护和可持续发展行动的起点；绿色学校还是推动社区环境教育发展的力量。

绿色学校标志

在绿色学校里，处处可见绿色与环保。可持续发展思想渗透到学校的行政管理、教学管理、后勤管理和团队活动管理中；环境知识融入到学生的学习、生活和实践活动中；师生能够主动做到节能减排，废物循环利用，如节水、节电、节纸、垃圾分类和旧物回收利用等；学校窗明几净、绿色植物种类丰富覆盖率高。这并不意味着所有的绿色学校都是千篇一律，每所绿色学校都是全国绿色学校之网上闪烁的明珠，他们紧密相连，都有各自的闪光点，在后续的主题里，我们将具体介绍。

广东省绿色学校授牌仪式

六、 香港绿色学校奖

香港绿色学校奖是香港众多环境教育计划中的一项，此计划由香港环境运动委员会推动，该组织致力于提高大众的环保意识，鼓励社群为更美好的环境做出贡献。绿色学校奖从2000年起开始实施，和广东省创建绿色学校的目的一样，是鼓励学校制订环境政策和执行环境管理计划，以提高学校管理阶层、教师、非教学人员、学生及其家庭的环保意识。香港绿色学校奖的评审标准包括环境政策与校

香港绿色学校奖标志

园环境、环境管理措施、环境教育规划与实施、环境教育的成效这4个方面，具有很好的操作性。香港中小学和幼儿园积极参与此项计划，截止到2018年，已有超过860所学校参加。

七、 澳门绿色学校伙伴计划

澳门 "绿色学校伙伴计划" 于2010年6月5日正式启动，主办单位为澳门环境保护局。该计划的目的是给各个学校、社区和家庭搭建知识、经验和资源共享交流的平台。各绿色学校伙伴在环境政策与管理，校园空间与建筑，环境教学计划以及校内、亲子、小区活动这4个方面不断推进环境教育。学校递交申请，通过环保局核实后，就可以成为绿色学校伙伴计划的一员。计划自启动以来，已吸引85间学校成为伙伴学校，

香港绿色学校奖第十六届颁奖典礼

占全澳学校总数的 70%。

　　为鼓励更多的学校和教师加入绿色学校伙伴计划，增进学校之间、教师之间的沟通，澳门环保局还推出了系列活动，包括"绿色学校嘉许计划""环保教案设计奖励计划"和"环保校园嘉 FUN 奖"等。其中"环保教案设计奖励计划"从 2010 年开始实施，旨在集中各伙伴学校教师的力量，设计符合澳门教育环境现状且操作性强的环境教育素材，推动澳门环境教育发展。

八、绿色学校实例 1：澳门培正中学

　　培正中学于 1889 创办于广州，1938 年 1 月为逃避战乱迁入澳门。学校坐落在澳门高士德马路七号，原为澳门名胜卢廉若公园的北半部，占

为了有系统地发挥环境教案的成效,整体环境教案分为下列八个主题①—⑧,
本次教案为第①主题——生态系统与生物多样性,并分作下列四个课节进行教学(如下图所示)

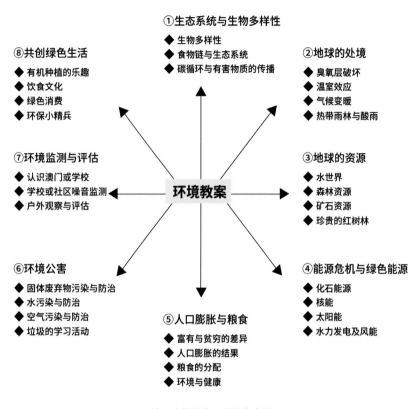

培正中学获奖环保教案大纲

地 7 500m²。校园环境幽美,建筑物古色古香,空气清新宜人。培正中学
秉承 "至善至正" 的校训,重视教学质量的提高,关注第二课堂活动的
开展,促进学生的全面发展。

　　培正中学于 2010 年申请加入绿色学校伙伴计划,环保节能文化活动
是他们的亮点。通过课堂教学、科学探究、艺术表达和实践活动等方式,
让学生关注环境,从小养成节能的习惯。不同学年会设计不同的节能主

题，如 2007—2008 学年的主题为"一起行动，齐来节能"，学生设计海报、创作歌曲和广播剧、撰写文章、制定环保公约等宣传节能知识。2008—2009 学年的主题是"加深能源知识，养成节能习惯"，开展学校和家庭节能调查与讨论，让学生把节能的习惯带回家。而 2009—2010 学年，则是开展综合学习，将节能与各学科学习相结合。可以看出，培正中学环保节能文化活动的形式逐渐多样化，并且不断深入和系统化，符合绿色学校的要求。之后在历年各类环境教育活动中培正中学都取得了很好的成绩，如在第一届"环保教案设计奖励计划"中，培正中学的"环境教案之生态系统与生物多样性"获得冠军。

九、绿色学校实例 2：广州市协和中学

广州市协和中学位于广州市荔湾区，有近百年的历史。学校占地面积 7 万 m^2，校园古树参天，园艺精美，是一所园林式学校、广东省绿色学校。生态校园建设是协和中学的特色和亮点。

广州市协和中学

2003 年，协和中学进行校园改造工作，致力于打造生态校园。他们所定义的生态校园，不仅仅是体现生态理念、环境友好的校园，更是承载生态文化的校园。

学校在生物群落中构建，校园在水资源循环利用、建筑布局与节能等方面遵循生态工程原理，力求带来良好的生态效应。不仅如此，学校还把校园改造过程作为教学与课题研究内容，使师生亲身参与其中，学生的许多课题研究成果又应用到校园改造中，实现了教学相长。学校建设中十分重视节能减排和资源循环利用，例如在节水方面，学校建成中水回用、雨污分流、自然净化、生态过滤、防空洞积水利用和生物吸附强化曝气、生活污水处理等节水工程，为学校节约了大量水资源。经过十几年的不懈努力，协和中学基本实现了人口、资源、能源、经济、土地利用和生态环境六大因素之间的良性循环。

十、什么是环境教育基地？

良好的环境教育场所是面向公众实施环境教育的重要途径，它可为学习者提供在环境中学习的机会。环境教育场所在世界上许多国家和地区都有发展，只是名称各异，如自然中心、环境学习中心、环境教育中心等，我们统称为环境教育基地。

环境教育基地是指拥有环境特色资源的场所，它通过有效的环境管理、丰富的环境知识展示以及专业人员的解说与教育活动，使公众在环境中学习，并养成对环境负责任的行为。从定义中我们可以看出，环境教育基地具有人、设施、环境教育课程活动、运营管理四个基本要素，其中课程活动是核心，其他三项是围绕着课程活动运行的。

环境教育基地有多种类型，如广东省环境教育基地分为四种，具有公众环境教育功能的场馆类，如博物馆、科技馆等；自然生态保护类、如自然保护区、城市公园、湿地公园等；其他企事业单位类，包括企业、厂矿、环境监测站、垃圾填埋场、污水处理厂等环境治理设施等；具有环境教育功能的社区、学校等中小学生校外实践场所。

十一、环境教育基地实例1：广州市第一资源热力电厂

我们每天会产生非常多的生活垃圾，这些垃圾在我们的眼中可能是一堆废物，但是如果合理利用，它们就会成为资源，广州第一资源热力电厂就是一个把垃圾变废为宝的场所。广州第一资源热力电厂是广州市目前唯一的垃圾焚烧发电处理设施，主要负责广州市中心生活垃圾处理。

广州市第一资源热力电厂厂区

厂区占地面积约 11 万 m^2，由 4 个部分组成，分别是一分厂、二分厂、李坑渗滤液厂及其他配套设施。一分厂和二分厂合计每天可以焚烧超过 3 000 吨的垃圾，年发电量超过 4 亿度，能满足 20 多万户居民的用电需求。

在没有进入厂区之前，你想到的场景可能是垃圾满地，臭气熏天，但当你走进厂区，所见到的一切会颠覆你对垃圾处理场所的印象，因为厂区整洁美丽，空气清新，感觉像是置身于花园中。厂区具备丰富的环

广州市第一资源热力电厂展厅

境教育资源，在这里可以了解到系统完整的垃圾处理工艺流程，全实景观看垃圾焚烧处理过程，在 3 000 m^2 环境教育展厅内，你可以通过图片、视频、实物模型、游戏互动的方式学习固体废物、垃圾分类知识，专职的环境教育讲解员会一边讲解一边为你答疑解惑。

如果想知道垃圾如何变废为宝，到广州市第一资源热力电厂参观学习是个不错的选择。

广州市第一资源热力电厂
地址：白云区太和镇永兴村。

十二、环境教育基地实例 2：华南植物园

　　华南植物园坐落于广州市天河区，具有科学研究、休闲旅游和环境科普教育的功能。园区内有丰富的物种资源，约 13 000 种植物在此生长，它们分布在木兰园、姜园、竹园、兰园、棕榈园、苏铁园等 30 个植物保育专类园。不同专区，因为植物种类不同，呈现出不同的群落外貌，棕榈园树木参天挺拔、兰园内清新雅致，苏铁园则会让人感受到远古植物的气息，在温室区内，又可见到罕见的热带植物。在园区内游览，一步一景，各类景观纷至沓来，令人心旷神怡。因其景色优美独特，每天吸引大批游客来此游玩，在大草坪上有孩童嬉戏，在湖边有新人拍摄婚纱照，在林中有人观鸟……也会看到有老师带着学生在现场讲解。

华南植物园葵林

蒲岗自然教育径（科普知识牌）

　　华南植物园一直重视环境科普教育，设有专门的机构和人员进行环境教育课程开发、环境解说设计，提供旅游导览服务等。例如植物园会根据植物在不同季节的特点，开发实施不同课程：在杜鹃花盛开时，有"杜鹃的传统文化与插花"课；为让孩子与大自然亲密接触，设有"攀树"

课；在春花烂漫之时，会带孩子"闻香识植物"……如果你不想参加这些课程，只想一个人静静地学习，那么园区内详细、多样化的植物解说牌，也可以做你的老师，默默与你交流。

华南植物园是植物的宝库，也是一座知识的宝库。

十三、什么是绿色社区？

社区是指在一定地域范围内的人们所组成的社会生活共同体，由居民、企事业单位以及在一定空间内的自然环境和人工环境所构成。社区内人口密集，人与人之间、人与环境之间通过工作、生活相互交流，实现物质和信息的流动。当人对环境的影响超出环境的承受范围时，就会带来局部的环境问题，比如居民生活、餐饮业、企业排放生活污水，可能会带来河涌水污染的问题；建筑工地施工会带来噪声问题等。如何构建生态和谐社区，提高环境质量，保障居民健康，是社区管理者的一大课题，绿色社区的概念就是在这样的背景下提出来的。

绿色社区

绿色社区环保宣传

绿色社区与绿色学校一样，不仅仅是强调社区内的绿化，更重要的是具有整体、和谐的理念。从规划、建设、运营到管理的全过程都要考虑到对环境的影响。根据《广州市"绿色社区"考评标准》，绿色社区应满足以下要求：社区需要有环境监督管理体系；环境质量优良、各类污染得到有效控制、居民的环境质量满意度较高；环境绿化、美化，没有卫生死角；居民崇尚绿色生活、绿色消费；有环境宣传教育计划和措施；居民有较高的环境意识。

总的看来，绿色社区是宜居的、环保的、和谐的。

十四、绿色社区实例：广州市桃源社区

桃源社区位于广州市荔湾区金花街，是 20 世纪 80—90 年代建设起来的，属于典型的老城区社区。因为早期开发时，社区交通规划、绿地规划等不是很合理，加上人口密集，所以带来了脏、乱、差等问题，也给社区管理带来较大的困难。

社区内开展亲子活动

社区环境

2002 年，桃源社区开始绿色社区创建工作。金花街成立了专门的绿色社区领导小组，深入了解社区现状，制订工作计划，并且投入专门的环境建设经费。桃源社区的绿色社区建设实践工作从拆掉违章建筑开始，然后改造市政道路、污水排放管道，建设绿化景点、精致的花园景观、环保生态园、绿化体育健身休闲带和环保文化宣传栏等。在硬件设施改造基础上，金花街社区还探索出政府、居民和物业公司合作，共同管理社区模式。物业公司负责社区内的卫生、绿地维护等日常工作。社区有一支志愿者队伍，协助管理部门开展环保宣传教育工作，监督社区内居民的环境行为。社区开展了一系列环境宣传活动，如绿色家庭、绿色雅居评审活动，让一个个家庭成为绿色社区的有机组成部分，也增强了居民的环境意识，自觉加入到绿色社区的建设中。

十五、自然教育与自然教育机构

近年来，在世界范围内，儿童户外活动明显减少这一现象受到关注。美国著名作家 Richard Louv 在《林间最后的小孩》一书中使用"自然缺失症"一词，描绘现代社会的孩子们与大自然缺乏联系的事实。于是，自然教育在全世界受到教育工作者、研究人员和家长的重视，一些自然教育机构也悄然兴起。

自然教育，即自然体验，就是切身投入到大自然中，通过观察、记录等方式去领会自然的美好。真正对孩子有益的自然教育不是简单的户外玩耍，也不是自然知识的简单学习，北京北研大自然教育科技研究院指出"真实有效的大自然教育，应当遵循'融入，系统，平衡'的三大法则"。大自然教育，应该实现儿童与大自然的有效联结。课程中有明确的教育目标，合理、可操作的教育过程，可控、可见、可测评的教育结果，从而维护儿童智慧成长、身心健康发展。大自然教育还需要具备相对完善的教育理论与教育方法。也只有理论完整、技术成熟、目标清晰、方法得当、场所合适的大自然教育，才能对孩子产生最好的教育效果，达到快乐成长的教育目的。

PART 2

政策措施是保障

一、香港新自然保育政策

香港新自然保育政策于 2004 年 11 月正式颁布，其目标主要在于保护生物多样性，并通过增加市民共享自然资源的机会，提高其自然保育意识。根据天然程度、生境多样性、重新建立的难度、物种多样性及丰富程度和物种稀有度五个指标，确认优先加强保育的地区，包括拉姆萨尔湿地、沙罗洞、凤园等 12 处。该政策鼓励商界、非政府机构和学术界共同参与并推动自然保育工作，管理模式包括管理协议与公私营界别合作试验计划两类。其中，非

宣传画

政府机构在参与过程中可根据相关计划提交建议书，并申请政府资助。

1. 凤园蝴蝶保护区

凤园蝴蝶保护区距离大埔区大约 2km，具有超过 200 个品种的蝴蝶，占全香港蝴蝶品种的 80% 以上，且其中超过 130 种蝴蝶在香港并不常见，因此是香港乃至亚洲的蝴蝶观赏胜地。香港环保促进会在环境及自然保育基金的支持下，分别于 2005 年 11 月和 2008 年 2 月先后两次开展"凤园蝴蝶保护区管理协议试验计划"，主要工作包括保护区生境管理、公众教育和生

观蝶宣传资料

蝴蝶

态普查及环境监测。除开放参观外，凤园还开展各项活动，招收义工维护保护区生态，并出版了凤园生态系列丛书。

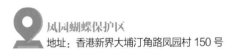

凤园蝴蝶保护区
地址：香港新界大埔汀角路凤园村 150 号

2. 香港鱼塘生态保育计划

"香港鱼塘生态保育计划"是由香港观鸟会在环境及自然保育基金会资助下，于 2012 年开启的自然保育管理协议试验计划。该计划以拉姆萨尔湿地和拉姆萨尔湿地以外的后海湾湿地为核心保护区域，在新界西北的鱼塘通过支付管理费的方式与当地养鱼户签订合作协议，适时采取降低鱼塘水位等措施，吸引鸟类觅食并保护雀鸟，以此开展维护生态平衡的鱼塘管理工作。公众为提升对环境保育和鱼塘养殖业的认识，还可参加新界鱼塘嘉年华、生态导赏员训练、工作坊、摄影比赛等活动。

鱼塘生态环境

水鸟成群

二、香港自愿性能源效益标签计划

自愿性能源效益标签计划是由香港机电工程署推行的便于销售商推广及消费者购买环保产品的自愿参与政策。该政策在家用电器、办公器材、汽油私家车产品中，通过级别式能源标签和确认式能源标签两种形式提供产品的能源效益情况，以便于生产商

能源标签

对环保产品进行推广，以及消费者根据能源效益购买商品。其中，级别式能源标签可显示产品年均能源消耗量，并由一级至五级代表能源效益递减；确认式能源标签则没有能源效益分级，仅代表产品满足性能要求并达到最低的能源效益。同时，机电工程署还提供了《选购贴有能源标签的家用器具》等宣传册，指导消费者根据能源效益购买产品。

三、澳门环保酒店奖

由澳门环境保护局主办的"澳门环保酒店奖"在2007—2018年间已成功举办了12届，环保酒店数量从最初的8间增加到目前接近澳门酒店总数的一半。针对不同酒店的定位，"澳门环保酒店奖"的评选也分为"酒店组别"和"经济旅馆组别"两种类型，其中"酒店组别"的获奖等级依次分为铂金、金、银、铜奖和优良奖，"经济旅馆组别"的奖项则分为"环保旅馆奖"和"基础证书"两个类别。评奖依据包括环保领导及创新、环保计划与表现、伙伴协力合作3个方面，内容涵盖了员工环保

意识与行为、环境保护计划和相关管理制度，以及节约资源、控制污染、减少废物产生并增加回收量、使用清洁能源等具体表现。

据统计，环保酒店平均每间客房减少了超过 30% 的废物产生量，分类回收废物总量超过 20 万 t，厨余垃圾回收总量超过 3 400 t。该奖的申请时间为每年的 7—8 月，可通过"澳门环保酒店奖"专题网站了解相关详情。

2018 年澳门环保酒店奖名单

四、澳门"环保 Fun"计划

"减废回收摆满 Fun"活动积分方式和兑换内容

路氹城生态保护区观鸟屋

"环保Fun"计划包括"减废回收摆满Fun"和"环保行为摆满Fun"两项内容，由澳门环境保护局于2011年6月5日正式开启。第一阶段活动为"减废回收摆满Fun"，由澳门环境保护局和街坊会联合会总会合作设立回收站点，定期回收塑料瓶、铝罐、铁罐和纸类3类物品，鼓励公众"源头减废"。第二阶段"环保行为摆满Fun"活动于2014年1月19日世界湿地日时正式启动，由澳门环境保护局和工会联合总会联合发动环保人士，为公众参观学习路氹城生态保护区提供导赏服务。公众在申请成为会员后，参与两项活动均可获得一定的积分，并兑换环保用品和超市礼券。

五、广东省碳普惠机制

碳普惠是广东省在全国首创的由政府推行的公众节能减排激励机制，其具体内容是通过量化个体节能减排行为并以碳币体现其价值的方式，培养公众的低碳意识与行为。碳普惠注册用户可通过个人行为和获取企业捐赠两种方式获得碳币，个人获取碳币的方式是在碳普惠微信公众号中绑定羊城通或岭南通、私家车牌号、社区门牌号，系统将根据会员乘坐地铁、公交车、租用公共自行车出行，植物认养，节约水、电、煤气等方面的表现自动兑换碳币，积累的碳币可兑换环保袋、节能灯等绿色产品，以及获得环保或展览等活动门票的优惠、或捐赠建设公益书屋等。2016年1月1日起，广州市、东莞市、中山市、河源市、惠州

| 个人注册 | 绑定手机号、公交卡、水电气账号等 | 践行低碳行为 | 平台自动核算减碳量 发放碳币 | 兑换平台上的优惠及服务 |

个人参与碳普惠的流程

市和韶关市成为广东省碳普惠机制的试点地区，目前碳普惠会员人数超过9 000人，合作商家包括零售、交通和休闲娱乐业，累计减碳量近7 000t。

碳普惠微信公众号及网站二维码

六、广东省碳排放权交易

2012年广东省被纳入全国碳排放权交易试点，随后广东省政府印发了《广东省碳排放权交易试点工作实施方案》，拉开了广东省碳排放权交易的序幕。广东省发展改革委根据相关政策，逐年制定"碳排放配额分配实施方案"，明确年度碳排放配额总量、分配方案、纳入管理与交易的企业名单、免费发放和有偿发放的碳排放配额，以及企业通过国家核证自愿减排量（CCER）、广东省碳普惠核证减排量（PHCER）抵消碳排放量的申请程序等内容，不断推进碳排放权交易市场的发展。目前，广东省碳排放总量控制范围包括电力、钢铁、石化、水泥、民航和造纸6个行业企业。

作为广东省碳排放权交易的平台，广州碳排放权交易所是全国首家以"碳排放权"命名的交易机构，自2013年12月19日正式启动以来，在全国区域碳交易市场中占有重要的地位。广州碳排放权交易平台的交易标的包括广东省碳排放配额、CCER和PHCER 3类。交易时间为除法定节假日以外的周一至周五 9:30—11:30 和 13:30—15:30。交易参与人为纳入广东省碳排放配额交易体系的控排企业、单位和新建项目企业，CCER 项目业主，PHCER 项目业主，以及符合规定的投资机构、其他组织和个人。交易人在相应的交易系统开设账户后即可遵循交易规则开启交易。截至 2018 年 6 月 20 日，广东省碳市场累计成交量位居全国 7 大试点市场首位，占全国成交量的 33.7%；国家核证自愿减排量（CCER）累计成交量位居全国第二。

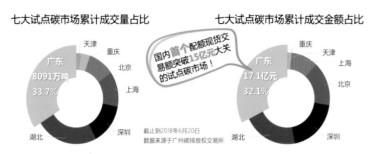

全国七个碳排放权交易试点累计成交情况

广州碳排放权交易所公众号二维码

七、"互联网＋垃圾分类"管理

在"互联网＋"的发展背景下，大湾区大力推进"互联网＋资源再生"的技术创新与实际应用。

1. 92 回收

"92 回收"是一款回收废品的手机应用软件，由在"互联网＋智慧环卫"领域领先的企业广州绿创信息科技有限公司开发运营。该软件注册人分为废品处理者和废品收购者两方，由废品处理方发布包括旧衣物、手机数码、家用电器、书纸杂务等在内的废品处理信息，附近的收购者可接单约定收购时间，交易成功后废品处理方还可获得一定的积分，既可以参与抽奖或兑换礼物，也可以通过捐赠参与公益活动。

除此以外，广州绿创信息科技有限公司通过"互联网＋物联网"技术在城市智慧环卫管理的具体业务还包括建筑渣土智慧监管、智慧垃圾分类、保洁作业智慧监管、生活垃圾智慧监管等。其运营案例被联合国开发计划署收录，并多次入选国家商务部再生资源创新回收模式案例。

"92 回收"微信公众号二维码　　　　"92 回收"APP 下载

2. "小黄狗"智能垃圾分类回收

"小黄狗"智能垃圾分类回收环保公益项目由小黄狗环保科技有限公司开发运营，该项目自 2017 年 8 月公司成立至今，已进驻 34 个城市，覆盖 8 469 个小区，1 175 万户家庭，合计用户 356 万人。目前，在大湾区内已覆盖的地区包括广州市、东莞市、深圳市、惠州市、珠海市、中山市、佛山市。

在使用过程中，"小黄狗"注册用户通过手机 APP 查找附近的智能垃圾分类回收机，分类投放垃圾后，回收机系统自动识别记录垃圾种类并智能称重，根据回收价格（饮料瓶 0.05 元／个、纸类 0.7 元／kg、纺织物 0.2 元／kg、金属 0.6 元／kg、塑料 0.7 元／kg，玻璃公益回收），用户获得对应的环保金，可提现或在"小黄狗"手机 APP 商城中兑换礼品。另外，"小黄狗"手机 APP 也可预约上门回收，项目包括 3C 数码、家用电器以及纸类、纺织物、金属等大宗废品。

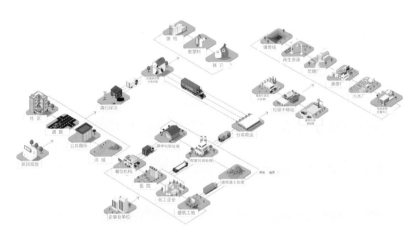

"小黄狗"智能垃圾分类回收

"小黄狗"微信公众号二维码

"小黄狗"APP 下载

八、环境污染举报与投诉

遇到环境污染问题时，公众应向污染事件所在辖区环保局举报或拨打 12369 环境保护举报热线举报，也可登录 12369 网络举报平台举报或者通过 12369 环保举报公众号微信举报。举报内容主要为个体或企事业单位在生产经营中产生的废气污染、废水污染、噪声污染、固体废物污染以及辐射等其他污染问题。举报人需要提供个人信息、举报对象及详细地址、污染问题、污染类型等内容。

在香港工作生活的居民可通过联系香港环境保护署的顾客服务中心（电话：00852 - 28383111），投诉不适当处理建筑废物、空气污染、工业商业噪声、光滋扰等环境污染问题，也可通过登陆投诉污染个案网站，填写投诉表格进行投诉或查询投诉个案进展。

12369 环保举报微信公众号二维码

12369 环保举报比例

PART 3

打赢蓝天保卫战

一、大湾区内大气质量

干燥清洁空气的主要组成为氮气、氧气、氩气和一定量二氧化碳，含量占到全部干洁空气的99.996%（体积分数），氖、氦、甲烷等次要成分只占0.004%。通常所指的空气包括干燥清洁的空气、水汽和悬浮颗粒。空气是自然界最宝贵的资源，一个人5分钟不呼吸空气，将会导致生命的终结。由于人类活动或自然过程引起的某些物质进入大气中，这些物质达到足够的浓度，持续足够的时间，并因此危害了人体的舒适、健康和福利或者危害了环境的现象称为大气污染。引起大气污染的过程包括火山爆发、森林火灾、岩石风化等自然过程和人类生产、运输、生活等人类活动过程。自然过程的污染往往不会超过自然的承受容量，目前人类所关注的大气质量问题主要由人类活动造成。

主要空气污染源

粤港澳大湾区（简称大湾区）经济发达，改革开放以来经济迅速发展，污染物排放量剧增，20世纪80年代以来，大湾区空气质量不断下降，灰霾天气频发。占据大湾区主要地域的珠江三角洲（简称珠三角）和长江三角洲及京津冀地区并称为我国三大大气污染重灾区。尽管大湾区过去几十年的空气质量缺乏精确数据，但是，对历史空气状况的分析和回顾显示，广州地区空气污染最严重的时期发生在20世纪80—90年代，尤其是20世纪90年代末期，灰霾发生频率达到巅峰。

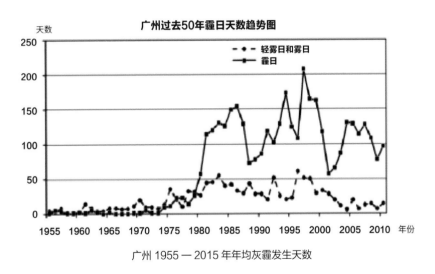

广州1955—2015年年均灰霾发生天数

近年来，珠三角区域不断加强对大气污染的治理力度，取得显著成绩，"在全国三个大气污染重点防控区率先整体达标，创建了国家重点城市群空气质量达标改善的成功模式，为全国大气污染治理树立了标杆"。但是，对比国际一流湾区仍有差距，空气质量与国际一流湾区水平差距明显，PM2.5年均浓度是同期国际一流湾区水平的3倍左右，因此《粤港澳大湾区发展规划纲要》明确要求推进生态文明建设，打造生态防护屏障，加强环境保护和治理，创新绿色低碳发展模式，建设宜居、宜业、宜游的优质生活圈。

二、大湾区主要空气污染物及污染源

空气并不像我们想象的那样纯净，即使是看起来清澈透明的空气也可能含有很多种污染物。目前已认识到的、在环境中已产生和正在产生影响的主要大气污染物主要包括含硫化合物、含氮化合物、含碳化合物、光化学氧化剂、含卤素化合物（HCl、HF 等）、颗粒物、持久性有机污染物、放射性物质等 8 类。这些大气污染物按物理状态，可分为气态污染物［如二氧化硫（SO_2）、一氧化氮（NO）］和气溶胶污染物（颗粒物和小液滴）两大类；若按形成过程分，则可分为一次污染物和二次污染物。一次污染物是指直接从污染源排放的污染物质，如一氧化碳、二氧化硫等。二次污染物则是指由一次污染物经化学反应或光化学反应形成的污染物，如臭氧、硫酸盐、硝酸盐、有机颗粒物等。

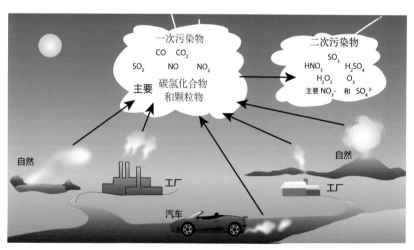

一次污染物和二次污染物

我国现行的《环境空气质量标准》中所规定的大气污染物包括：二氧化硫（SO_2）、总悬浮颗粒物（TSP）、可吸入颗粒物（PM10）、细颗粒物（PM2.5）、氮氧化物（NO_x）、一氧化碳（CO）、臭氧（O_3）、铅（Pb）、

苯并 [a] 芘、氟化物、氰化物等
11 种污染物。其中计入空气质量
指数计算的有二氧化硫、PM10、
PM2.5、氮氧化物、一氧化碳、
臭氧。空气质量指数（AQI）分
为 6 个等级，用绿色到褐色 6 种
颜色表示。

空气质量指数及纳入指数计算的污染物

　　大湾区是我国经济发展最
快、城市化水平最高的三大城市
群之一。在经济快速发展的同时，也面临着区域性大气复合污染问题，
区内占比最大的首要空气污染物为 O_3，其次是 PM2.5、PM10 及二氧化氮
（NO_2），SO_2 和 CO 的污染比例非常小。SO_2 的排放主要集中在广州市、
东莞市和佛山市等地区；NO_x 排放量大的区域主要分布在工业较发达、
能源消耗量大、人口密集的东莞市、广州市、佛山市和深圳市等地，机
动车排放尾气对 NO_x 的排放也有明显影响。PM10 和 PM2.5 排放主要集中
在广州市、佛山市、深圳市和东莞市等地区；挥发性有机物（VOC_s）排
放突出地区在深圳 - 东莞 - 广州南部 - 佛山，其主要"贡献"来源于工
业过程源、机动车排放等。

空气质量指数分级表

AQI 级别	颜色	对健康影响
一级	绿色	基本无空气污染
二级	黄色	某些污染物可能对极少数异常敏感人群健康有较弱影响
三级	橙色	易感人群症状有轻度加剧，健康人群出现刺激症状
四级	红色	进一步加剧易感人群症状，可能对健康人群心脏、呼吸系统有影响
五级	紫色	心脏病和肺病患者症状显著加剧，运动耐受力降低，健康人群普遍出现症状
六级	褐红色	健康人群运动耐受力降低，有明显强烈症状，提前出现某些疾病

三、大湾区酸雨与控制

酸雨，即酸性的雨，是指 pH < 5.6 的大气降水。空气中的二氧化硫、氮氧化物等酸性物质和空中水汽相结合，就会形成酸雨。酸雨不只以雨的形式存在，还包括雪、雾、雹等形式。空气中的二氧化硫、氮氧化物浓度高，形成酸雨的可能性就大，酸雨强弱是空气质量好坏的证明。酸雨是酸性沉降物的一种——湿沉降，相对的另一种则称为干沉降，例如固体颗粒物或气体直接沉降。一般来说，硝酸盐（NO_3^-）、硫酸盐（SO_4^{2-}）是酸雨中的主要致酸物质，而这些致酸物质主要是由氮氧化物和硫氧化物转化而来的，主要来源于自然因素和人类活动。自然因素包括火山爆发、微生物作用。火山爆发时会喷出二氧化硫，动植物死后会分解出硫化物质，进而产生二氧化硫等；此外，空气中悬浮的颗粒物〔如含铁（Fe）、锰（Mn）、铜（Cu）、镁（Mg）、钒（V）等元素的物质〕也是成酸反应的催化剂。而人类活动主要是指人类通过各种行为向大气中排放硫氧化物和氮氧化物，例如煤、石油、天然气等石化燃料的燃烧，工业生产中的废气排放，和汽车尾气的排放等。

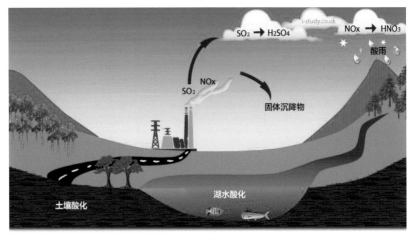

酸雨形成示意图

酸雨被称为"空中死神",给环境带来严重的危害,造成巨大的经济损失。酸雨腐蚀建筑物和工业设备,破坏露天的文物古迹,损坏植物叶面,导致森林植被死亡,使湖泊中鱼虾死亡,破坏土壤成分,使农作物减产甚至死亡,酸雨还杀死水中的浮游生物,减少鱼类食物来源,破坏水生生态系统,污染河流、湖泊和地下水,直接或间接危害人体健康。在酸雨区,酸雨造成的破坏比比皆是,触目惊心。如在瑞典的9万多个湖泊中,已有2万多个遭到酸雨危害,4 000多个成为无鱼湖。美国和加拿大许多湖泊成为死水,鱼类、浮游生物、甚至水草和藻类均一扫而光。北美酸雨区已发现大片森林死于酸雨。德国、法国、瑞典、丹麦等国已有超过700万 hm^2 森林正在衰亡,我国四川、广西壮族自治区等省区有超过10万 hm^2 森林也正在衰亡。世界上许多古建筑和石雕艺术品遭酸雨腐蚀而严重损坏,如我国的乐山大佛、加拿大的议会大厦等。

酸雨的危害

酸雨是一个世界性问题,我国酸雨分布存在明显的地域差异,大湾区工业密集,废气排放量大,曾经是酸雨频发的重灾区。2014年,珠江三角洲大气污染联防联控技术示范区建立,从空气质量监测、大气污染预警预报、区域协调机制、区域政策协同等方面构建了珠三角区域大气污染联防联控机制。二氧化氮对流层总量、二氧化硫总量持续下降,大部地区酸雨污染持续改善,2018年平均酸雨频率为1992年有观测记录以来最低。

四、大湾区交通污染与控制

机动车辆排放尾气是空气污染的重要原因之一，车辆刹车蹄片及轮胎磨损产生金属尘、橡胶尘等，也会造成大气污染，排放的主要污染物包括颗粒物（黑炭、细颗粒物和超细颗粒物等）、氮氧化物和一氧化碳等气体及挥发性有机化合物（VOC）是最常见的交通污染物。

随着汽车保有量的持续增加，我国移动污染源问题日益突出，已经成为我国城市空气污染的重要来源，在人口密集的大城市，机动车对细颗粒物（PM2.5）的"贡献"在 $10\% \sim 55\%$，在不利的气象条件下甚至更高。由于机动车大都行驶在人口密集的城市区域，尾气排放有可能直接损害人体健康，尤其对儿童健康的影响令人担忧。来自车辆的污染可能损害呼吸道，导致炎症和遗传性儿童哮喘的发展，重度污染时还可能引发更加严重的问题。研究表明，暴露于 NO_2 是造成这些损害的关键因素，而城市中 80% 的外源性 NO_2 来自交通尾气。

机动车是污染源

目前，燃煤和机动车尾气是大湾区内城市空气污染的最主要来源，不同车辆类型对污染排放的"贡献"不同，不同城市之间污染排放量差异也比较明显，广州市、深圳市排放量占大湾区整体排放量比重较大，其次为佛山市、东莞市、江门市。《广东省打赢蓝天保卫战实施方案（2018—2020年）》中，提出多项减少机动车污染的方案，包括交通结构的调整和机动车尾气控制方案，并提出具体城市3年内大气污染物削减目标。大湾区内城市依据排放特点，分别制订不同实施方案，已完成减排和削减任务。

调整交通运输结构，加快智慧绿色交通发展

完善广州、深圳、珠海、湛江等沿海四大枢纽港的集疏运网络。

珠三角地区在城市核心区域逐步试点设立"绿色物流片区"，全天禁止柴油货车行驶。

2020年底前，珠三角地区实现全部公交电动化，粤东西北地区各地级市市区公交电动化率达80%以上。

全省所有新建住宅配建停车位必须100%建设充电设施或预留充电设施安装条件。

广东省交通污染控制措施（1）

加强移动源治理，深入推进污染协同防控

强化对排气超标车辆的筛查和处罚，2018年年底前，珠三角地区各地级以上市完成遥感监测系统建设并与省平台联网。

2019年起，实现车用用柴油、普通柴油、部分船舶用油"三油并轨"。

2019年7月1日起，提前实施机动车国六排放标准。

广东省交通污染控制措施（2）

五、大湾区挥发性有机物排放控制

挥发性有机化合物，常用英文首字母缩写 VOC 表示，有时用 TVOC 表示，它们的熔点低于室温，沸点在 $50\sim260℃$，常温下可以气体形式存在。按照结构式可以分为非甲烷烃类、含氧有机物、含氯有机物、含氮有机物、含硫有机物等。人们非常关注的苯和甲醛都属于 VOC。

VOC 的来源非常广泛，基本上人类任何活动的过程都伴随着 VOC 产生。室外源主要包括燃料燃烧、工业废气、汽车尾气等，室内源包括燃烧、烟雾、室内装修、家居装饰、清洁剂、护肤品以及人体排放等。

VOC 对人体健康和环境有很大的影响，居室中的 VOC 达到一定浓度时，短时间内人们会感到不适，严重时会出现抽搐、昏迷，伤害肝脏、肾脏、大脑和神经系统，很多 VOC 被证明是强烈致癌物或可疑致癌物。大气中的 VOC 具有很高的活性，在紫外线照射下，可在微细颗粒物中发生无穷无尽的变化，VOC 还是形成臭氧（O_3）和细颗粒物（PM2.5）污染的重要前体物，是形成大气复合型污染的重要因素，是导致环境空气恶化的关键因素。

VOC 的主要来源

家具 　装修材料 　燃料燃烧 　衣服 　吸烟 　烹饪 　指甲油 　香水

VOC 的室内来源

我国通过立法的形式限制和管控挥发性有机化合物(VOC)的排放,《广东省挥发性有机物(VOC)整治与减排工作方案(2018—2020年)》,提出通过加大产业结构调整力度、深入挖掘固定源VOC减排、全面推进移动源VOC

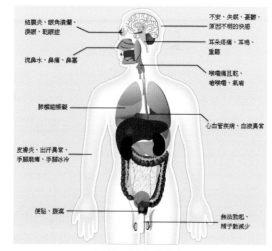

结膜炎、眼角溃烂、溴眼、乾眼症
不安、失眠、忧鬱、原因不明的快感
耳朵疼痛、耳鸣、重聽
流鼻水、鼻痛、鼻塞
喉嚨痛且乾、哈喉嚨、氣喘
肺機能帳嚴
心血管疾病、血液異常
皮膚炎、出汗異常、手脚麻痺、手腕冰冷
便秘、腹瀉
無法勃起、精子數減少

VOC 对人体的影响

VOC (包括甲醛、甲苯、二甲苯)

与氮氧化物发生光化学反应 → 生成臭氧

在氧化性较强环境下 → 转化成细微颗粒物

影响人体健康

直接吸入 → 常见甲醛类危害影响身体健康
间接关系1 → 产生的臭氧引发各类呼吸道、心血管疾病等
间接关系2 → 产生的细微颗粒引发呼吸道、心肺类疾病

来源
◆ 涂料、油漆、家具、装饰材料工业废气、仓储挥发、汽车尾气、溶剂

VOC 对人体影响的过程

减排、有序开展面源 VOC 减排、建立健全 VOC 排放管理体系、全面提升 VOC 监管能力体系建设等五大重点任务，19 项具体措施。并确定 6 个 VOC 减排重点城市，其中 5 个城市为大湾区内城市，包括广州市、深圳市、佛山市、东莞市、惠州市。

六、大湾区灰霾污染

最近几年来，灰霾受到了广泛的关注。什么是灰霾呢？它和雾又有什么不同呢？根据国家气象局的定义，雾是大量悬浮在近地面空气中的微小水滴或冰晶组成的水汽凝结物，是一种常见的天气现象。根据生态环境部《灰霾污染日判别标准（试行）》的定义，灰霾（haze）是指"由于人类活动排放以及在空气中二次生成细颗粒物而使水平能见度明显降低的空气污染现象"。灰霾污染日（haze pollution day）是指环境空气中细颗粒物浓度及其在颗粒物中所占比例达到一定水平，并使水平能见度持续 6 小时低于 5.0km 的空气污染。由此可知，雾是常见的自然现象，主要是由空气中的水形成，而灰霾则是一种空气污染现象。灰霾主要是由空气中细颗粒物（PM2.5）浓度增加引起的空气污染，当空气湿度较大或者有雾时，细颗粒物可以吸收水分膨大，使能见度变得更低。

污染排放是灰霾形成的内因，目前对二次颗粒物爆发增长致霾的机制还有很多认识不清楚的地方。另外以低风速和逆温为特征的不利气象条件是灰霾形成的外因，而排放到大气中的 PM2.5 一定程度上会削弱到达地表的太阳光强度，导致地表温度下降，而上层颗粒物中的吸光性物质会提高该层大气的温度，形成下冷上热的逆温大气结构，空气对流减弱，近地层颗粒物不易扩散，进一步加剧污染形成。

自 20 世纪末珠江三角洲地区经济蓬勃发展，污染排放量上升，珠江三角洲也成为中国灰霾集中爆发的区域之一。珠江三角洲地区城市间距离较近，城市空气污染物之间相互影响，造成区域性污染。

从地理位置上，珠江三角洲地区位于广东省中南部，尤其是珠江三角洲属于三面环山一面海的地形，在冬春季节容易形成逆温层。科学观察发现珠江三角洲的千米高空常年存在着一个逆温层，导致空气上下流通不畅，使得"所有污染物全部被盖在里面，搅来搅去"。珠江三角洲地区内人为排放源增加以及独特的气象条件，使广州、深圳等大城市经常出现灰霾污染日，尤其在 20 世纪末期达到高峰。

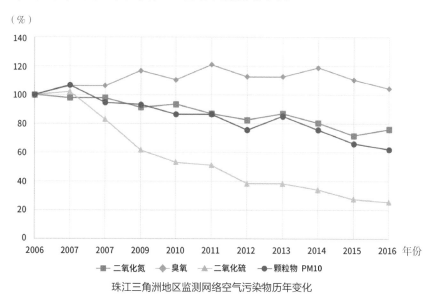

珠江三角洲地区监测网络空气污染物历年变化

在"绿水青山就是金山银山"的理念指导下，广东省政府坚决守住生态环保底线，积极推进污染防治三大战役，生态环境得到持续改善，区内城市空气质量连续 4 年全面达标，广州、深圳等大城市灰霾天数都有显著减少的趋势。粤港澳三地将共同编制并签署《粤港澳大湾区生态环境保护规划》，在生态环境保护方面的合作将迈上新台阶。

七、大湾区能源与空气质量

居住在地球上的每一个人每天都以各种不同的形式使用能源，能源的使用是现代工业社会的动力。全球对能源的需求量不断快速增长，而且能源需求量的增长主要出现在发展中国家和经济转型国家。能源、特别是化石燃料的使用让自然环境承受了巨大压力，而且也对人体健康产生了不利影响。人类在技术领域取得了很大的进展，但能源消费量的不断增加往往使环境污染加剧。

燃料在燃烧过程中排放出有毒、有害物质，如 CO_2、SO_2、NO_X、烟尘和一些碳氢化合物等，这些物质都是主要的大气污染物。燃料种类不同，燃烧生成烟尘的机理也不同。气体燃料的燃烧烟尘主要是由轻质碳氢化合物生成的。液体燃料在燃料雾化不良、燃烧室温度较低的情况下燃烧时，容易生成含油性较大的烟尘。

目前中国是世界上最大的能源消费国，2017 年，中国能源消费量占全球能源消费量的 23.2%。煤炭是中国能源消费中的主要燃料，随着中国的能源结构持续改进，煤炭在能源消费结构中的比例逐渐降低，清洁能源的消费比例有增加的趋势。

能源是大湾区建设一流湾区、建设世界级城市群的重要保障，清洁能源比例的增加和清洁能源的推广使用是打赢大湾区蓝天保卫战的重要基础。广东省发展改革委员会发布《广东省"十三五"能源结构

优化能源结构，构建绿色清洁能源体系

2020年年底前

天然气主干管网通达各地级以上市，加快储气设施建设，天然气供应能力增至 500 m³。

2020年

全省一次能源消费结构中，煤炭比重调整到 37% 以下，非化石能源消费比重不低于 26%。

核电、风电、光伏发电机组装机容量分别达到 1600万KW、650万KW、500万KW。

广东省能源发展策略

调整实施方案》，提出在"十三五"期间，严格控制煤炭消费增长，降低煤炭消费比重。《广东省打赢蓝天保卫战实施方案（2018—2020年）》中提出，要调整优化能源结构，切实做好珠江三角洲地区煤炭消费减量，做好清洁能源的利用。《粤港澳大湾区发展规划纲要》提出，建设能源安全保障体系，要从优化能源供应结构和强化能源储运体系两大方面着力推动大湾区绿色发展，助力大湾区的蓝天。

八、大湾区臭氧污染

臭氧，气态呈蓝色，液态呈暗蓝色，固态呈蓝黑色。它的分子结构呈三角形。在常温、常态、常压下，较低浓度的臭氧是无色气体，当浓度达到15%时，呈现出淡蓝色。臭氧是一种具有刺激性特殊气味的不稳定气体，它可在地球同温层内通过光化学反应合成，正常情况下在近地面处仅以极低浓度存在。

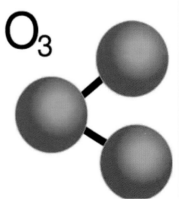

臭氧的形成

高空臭氧能阻挡紫外线、保护地球生物，而近地面臭氧则对生态环

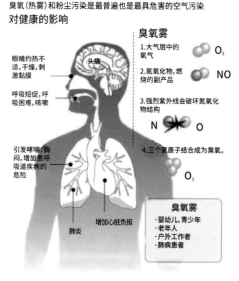

臭氧(热雾)和粉尘污染是最普遍也是最具危害的空气污染
对健康的影响

头痛

眼睛灼热不
适,干燥,刺
激黏膜

呼吸短促,呼
吸困难,咳嗽

引发哮喘,胸
闷,增加患呼
吸道疾病的
危险

臭氧雾

1.大气层中的
氧气 ⬭ O₂

2.氮氧化物,燃
烧的副产品 ⬭ NO

3.强烈紫外线会破坏氮氧化
物结构

N ❋ O

4.三个氧原子结合成为臭氧。

⬭ O₃

臭氧雾
• 婴幼儿、青少年
• 老年人
• 户外工作者
• 肺病患者

增加心脏负担

肺炎

臭氧及其对人体的危害

境构成污染。臭氧污染实际上是一种光化学污染,它不是直接排放出来的,而是由汽车尾气中的氮氧化物和挥发性有机化合物在高温强光照的天气背景下生成的污染物。夏季气温上升,天气晴朗,紫外线强烈,臭氧污染进入高发季节,因此臭氧污染被称为"晴天下的健康杀手"。高浓度持续性的臭氧污染可能导致流泪、眼睛疼、头痛等症状出现,更严重的会影响到呼吸道、心血管系统,尤其对心脏不好的人群有比较严重的影响。此外,臭氧污染对生态系统也会起到破坏作用,如果一个区域经常出现高浓度臭氧,在强氧化剂作用下,有些材料会提前老化。

高温、强辐射会加速光化学反应,导致大量臭氧出现,稳定的大气层结构及较小的风也会导致臭氧在局部地区累积。基于大湾区特殊的地理和气象特点,臭氧污染不容忽视。

九、大湾区 PM2.5 污染控制

大气中的颗粒物又称尘,是以气溶胶状态存在于空气中的固体或者液体颗粒的总和。根据颗粒大小的不同,我国将空气中颗粒物划分为三种：直径 ≤ 100 μm 的颗粒物称为总悬浮颗粒物（TSP）；直径 ≤ 10 μm 的颗粒物称可吸入颗粒物（PM10），直径 ≤ 2.5 μm 的称为细颗粒物（PM2.5）。PM2.5 并不等于灰霾，但是空气中 PM2.5 的含量及其与 PM10 的比例是判断是否发生灰霾的重要依据。

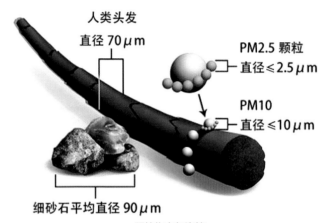

颗粒物直径比较

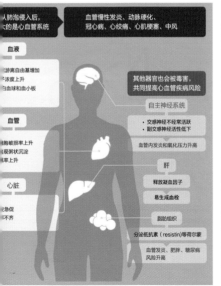

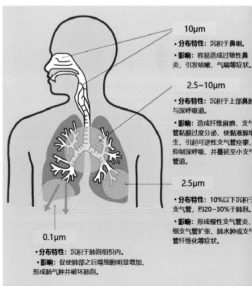

颗粒物对人体的危害

世界卫生组织发布的研究报告中指明，当空气中 PM2.5 的浓度升高，就会带来死亡风险的上升。此外，PM2.5 极易吸附多环芳烃等有机污染物和重金属，使致癌、致畸、致突变的概率明显升高。

大湾区内 PM2.5 排放的最大来源是工业排放，主要集中在广州市、佛山市、深圳市和东莞市等地区，整体呈现带状分布特征。近几年来，珠江三角洲地区 PM2.5 污染明显改善，其中惠州、深圳、珠海、中山、江门等城市达标，是三大重点区域中达标城市最多的地区。

十、大湾区大气氮氧化物污染控制

氮氧化物（NO_x）是大气中常见的污染物，通常指一氧化氮（NO）和二氧化氮（NO_2）的总称。NO 在大气中极易与空气中的氧发生反应，生成 NO_2，故大气中 NO_x 普遍以 NO_2 的形式存在，我国《环境空气质量标准》就是以 NO_2 的含量作为标准。

NO_x 的自然排放源主要来自土壤和海洋中有机物的分解，属于自然界的氮循环过程，人为排放源主要来自化石燃料的燃烧过程，如汽车、飞机、内燃机及工业锅炉的燃烧过程以及金属冶炼及含氮物质的生产、使用过程。

NO_2 是刺激性气体，被人体吸入后会引起严重的不适症

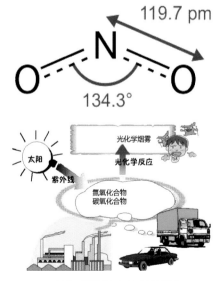

NOx 的排放及对环境的影响

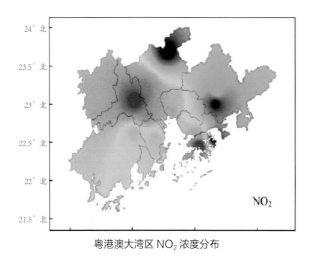

粤港澳大湾区 NO_2 浓度分布

状，易侵入呼吸道深部的细支气管及肺泡，破坏肺泡的胶原纤维，发生肺气肿样症状。NO_x 对环境的危害作用极大，它是形成酸雨的主要物质之一。在阳光照射下，氮氧化物和挥发性有机化合物经由一连串的光化学反应形成生成臭氧、甲醛、乙醛等多种二次污染物，形成光化学烟雾。发生在美国洛杉矶的光化学烟雾事件，就主要是由于机动车尾气排放出的 NO_x 等经一系列光化学反应引起的。

由于大湾区的特殊地理和天气特点，在夏季日照充足的条件下，O_3 成为大气中的首要污染物，而 NO_x 是引发 O_3 污染的重要因素。

珠江三角洲于 2015 年全面推行机动车国 V 标准，广州 2019 年 7 月 1 日提前实施机动车国 VI 标准。为持续提升大气环境质量，广东省将积极推进各项污染物的协同减排战略，助力大湾区的蓝天保卫战。

十一、城市室内空气污染

室内空气污染，是指在密闭空间中分布的对人体健康有害的物质。

人一生中约有 70%~90% 的时间在室内度过，因此室内空气质量的好坏与人体健康息息相关，室内空气污染对健康影响的程度要远远高于室外空气污染。

室内污染源主要有建筑材料、装饰材料、人的活动、室外污染物等。室内空气污染物来源可能包括吸烟、燃香、烹饪食物、使用各种燃料的

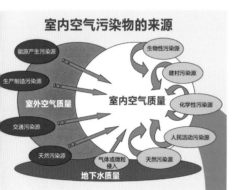

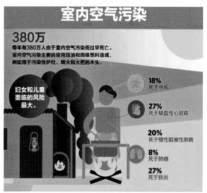

室内空气污染的主要来源及危害

暖炉与火炉、缺乏清洗的空调系统及冷暖气、装修工程、家具与装潢所使用的材质、塑胶物质、喷雾型的杀虫剂与清洁剂、芳香剂、油漆、地毯、复印机等。

室内空气污染物种类很多，主要分为三大类：①气体污染物，主要有挥发性有机化合物（VOC）、O_3、CO、CO_2、NO_x 和放射性元素氡（Rn）及其子体等；②微生物污染物，病毒、潮湿处滋生的真菌、螨虫及其他易致敏物；③颗粒物，如 PM10 和 PM2.5 等。通风条件不良时，这些气体污染物就会在室内积聚，浓度升高，有的浓度可超过卫生标准数十倍，造成室内空气严重污染。

大湾区城市人口密集，住宅以密集型建筑为主，室内空气污染问题更需要关注。

十二、香港的室内空气质量管理

　　香港于 1998 年成立了"室内空气质素管理小组"，这是一个跨部门管理组，主要负责统筹香港室内空气质量管理事务，同时监督具体措施的实施情况。目前，该小组由 5 个政策局及 14 个政府部门组成，并由香港环境保护署直接负责。1999 年 11 月，该小组筹备了一个旨在改善办公楼及公众场所室内空气质量的《室内空气质素管理计划》，并针对该计划进行了广泛的公众调查。于 2000 年实施了《室内空气质素管理计划》，在 2003 年推行自愿参与的《办公室及公众场所室内空气质素检定计划》，以保证公共场所的室内空气质量达标，并鼓励业主或物业管理公司努力维持室内健康良好的空气质量。该小组在 2009 年和 2010 年发布了两项分别关于潮湿和霉菌及特定污染物 (即甲醛、氡气、一氧化碳、二氧化氮、苯、萘、多环芳烃，三氯乙烯和四氯乙烯) 的室内空气污染物指引，

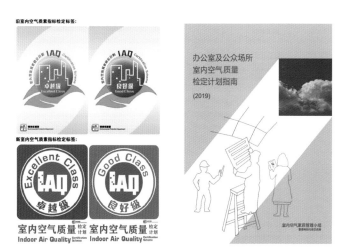

香港空气质量检定计划及检定标签

制定室内空气质量管理指标， 2019 年 7 月 1 日起实施《新室内空气质量指标》。经过有资质第三方检测后，室内空气质量达到标准将发放"良

好级"或者"卓越级"标签,检测有效期 5 年。

香港环境环保署还成立了一个网上室内空气质量资讯中心,以方便市民获得有关室内空气质量的资料,包括有资质检测机构的查询、检测和获得认证的具体流程、法律法规及室内空气质量指标查询等。

十三、香港的空气污染控制

香港是中国最具活力的城市之一,但是空气污染给香港带来巨大的经济损失,香港大气污染也有特别严重的爆发点,尤其在冬天。比如 2018 年 1 月和 2 月,香港大气中 PM2.5 达到 200 μ g / m^3,几乎是香港年平均值的 3~6 倍。

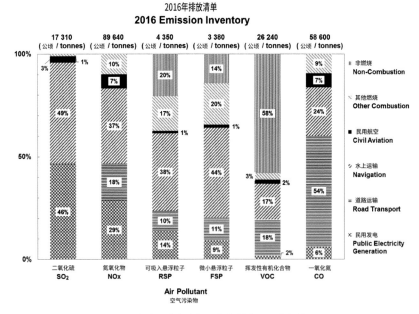

2016 年度香港各空气污染物排放量及分布情况

香港空气污染物主要来源于区域污染及本地污染源，而区域性的烟雾问题是由香港、澳门和珠江三角洲地区的车辆、船舶、工业及发电厂排放的污染物引起。香港本地污染有 7 个主要排放源，包括公用发电、道路运输、水上运输、民用航空、其他燃烧源、非燃烧源及山火。

香港特区政府一直致力于改善本地空气污染和区域性的烟雾问题，2013 年 3 月发表了《香港清新空气蓝图》，详细阐述香港就空气质量需要面对的挑战并介绍空气质量改善政策和措施。根据《香港空气污染物浓度趋势（1990—2017）》分析报告，香港地区空气中 SO_2 和 PM10 的浓度自 2011 年以来明显有降低趋势，但是 O_3 和 NO_2 略有增加趋势。

十四、大湾区的蓝天保卫战

《粤港澳大湾区发展规划纲要》明确提出，建设粤港澳大湾区要牢固树立和践行"绿水青山就是金山银山"的理念，实行最严格的生态环境保护制度。

针对大气污染的专项治理，粤港澳开展了两两合作及三方合作。2002 年广东省政府和香港特区政府发布《改善珠江三角洲地区空气质素的联合声明（2002—2010）》，2010 年广东省政府和香港特区政府又签订《粤港合作框架协议》，提出"构建全国领先的区域环境和生态保护体系"。

现阶段在大湾区合力治霾的行动中，已形成了以联席会议为基础的，粤港、粤澳、小珠江三角洲的多层次集体行动合作机制。2002 年，广东省政府和香港特区政府开始共同建设"粤港珠三角区域空气质量监测网络"，联合建成了 16 个监测点，其中 13 个监测点在广东省境内，3 个在香港。粤港澳三方合作，2014 年 9 月三方共同签署《粤港澳区域大气

粤港澳区域空气监测网络监测点

污染联防联治合作协议书》，把澳门大潭山增加为空气质量监测子站。"粤港珠三角区域空气质量监测网络"更名为"粤港澳珠江三角洲区域空气监测网络"，三地空气质量监测站数目由 16 个增加至 23 个。该监测网络从 2005 年 11 月起在内地率先开展空气主要污染物的常规监测，每小时发布各种空气污染物的浓度值，替代以往每天发布一次的"区域空气质量指数"。

珠江三角洲、香港和澳门三地建立了有效的区域大气污染联合防控管理模式，完善的法规政策、强有力的联合防控措施、严格的监督机制、政府的高度重视，是联合防控取得实效的经验，也是粤港澳大湾区大气质量得以持续改善的原因。但三地在大气污染防控方面仍面临一定的压力和挑战，亟须突破法律和制度瓶颈，不断改革创新，共同构建更科学的区域大气污染联合防治体系。

PART 4

水环境改善提升城市品质

一、广州"互联网＋河长制"治水

广州市采用"互联网＋"的形式创新开发了广州河长APP，通过大数据分析决策平台，提供河湖及水质、治理动态、相关政策等信息，形成了"民间河长辅助官方河长、市民协助监督管理"的河涌管理模式。截至2018年10月，该机制已串接河长3 000余名，信息已覆盖1 672条河流（涌）、7 500余河段，累计接收举报超过8 000宗，提升了河涌治理的精准度。

2017年11月1日起，积极参与治水并有效投诉的市民可获现金红包奖励。具体方式为，通过微信关注"广州治水投诉"公众号，在投诉页面内描述具体投诉问题、地址信息和联系方式，可投诉内容包括：广州市河道、河涌管理范围内的工业废水、养殖污水、餐饮污水排放、相关违法建设、废物堆放、排水及工程设施损坏等。当投诉问题审核通过时，可关注"广州市河涌管理中心"微信公众号领取现金红包奖励，每月投诉次数排名前十位的用户可获得30～100元的额外奖励。

广州市河涌管理中心微信公众号二维码

"广州治水投诉"微信公众号二维码

二、珠江水环境改善提升广州城市形象

1. 广州横渡珠江活动

为表明治理珠江的决心，倡导公众保护母亲河珠江，广州市于2006年7月12日重新开启了一年一度的横渡珠江活动，横渡路径为中大码头到二沙岛星海音乐厅之间的水域。目前，广州横渡珠江活动已连续举办了十多届，最初由广州市领导带头下水游泳，现在已成为佛山、肇庆、东莞、中山、清远、河源多个地区均可报名参加的群众性体育健身活动，展现了珠江水质的改善，也促进了人与自然生态的和谐发展。

广州横渡珠江活动

2. 广州国际龙舟邀请赛

由国家体育总局社会体育指导中心、中国龙舟协会、广州市政府主办的"广州国际龙舟邀请赛"是极具岭南特色的体育赛事，是宣传岭南水文化、弘扬龙舟精神的盛大活动。该竞赛在每年端午节后举办，包括传统龙舟、22人龙舟、彩龙和游龙4个比赛项目，比赛地点为中大北门广场至广州大桥之间的珠江河段。2018年，共有来自广州、佛山、东莞、香港、澳门等地以及加拿大、美国、英国等国的122支龙舟队参赛。

2018 年广州国际龙舟邀请赛

3. 广州国际马拉松赛

广州国际马拉松是由中国田径协会和广州市人民政府主办，广州市体育局、越秀区人民政府、海珠区人民政府、荔湾区人民政府、天河区人民政府、广州市体育竞赛中心、广州市田径协会承办的年度国际体育赛事。

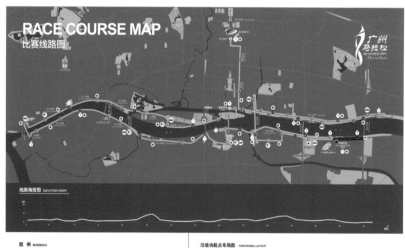

2018 年广州国际马拉松赛

广州马拉松沿线风景

首届广州马拉松开始于2012年，包括全程马拉松（42.195km）和半程马拉松（21.0975km）两个比赛项目，路线主要设置在珠江沿岸，途经城市重要地标，将岭南风情、运动潮流与城市活力相结合，被称作"最美的马拉松赛道"之一。

三、海绵城市之深圳篇

海绵城市建设本质是通过控制雨水的产流汇流，恢复城市原始的水文生态特征，使其地表径流尽可能达到开发前的自然状态，从而实现"修复水生态、改善水环境、涵养水资源、提高水安全、复兴水文化"五位一体的目标。

2016年，由深圳市城市规划设计研究院编制的《深圳市海绵城市建设专项规划及实施方案》作为深圳市海绵城市建设的总纲，针对深圳发展速度快、建设强度高、城镇化率高的城市建设特点，以及地貌复杂、

深圳市福田区红树林生态公园

雨源型河流数量众多等自然特征，进行了尝试和突破。包括完成了25项三级海绵规划，实现全覆盖；建立了"全行业、全类型、全流程"的管控流程，保障全市工作有序推进；修订了7项地方规划编制技术标准。围绕海绵城市建设的部门职责、任务分工、工作组织、工作考核考评等，印发了8项制度文件；出台指引，与城市更新、治水提质等当前热点融合实施。同时，因地制宜，分区分类建立了指标体系，利用规划的水生态敏感性分析结果强化空间管控，保障生态优先、蓝绿融合，将水生态敏感性分析结果作为生态控制线优化和调整的底线，支撑生态保护红线的划定，创新运用了模型辅助指标本地化分析技术、GIS辅助海绵空间格局分析技术、海绵措施综合布局的分析技术，并在技术的支撑下，构建海绵城市规划管控机制，形成了可复制、可推广的技术做法及模式。

2017年4月，深圳市获得了"2016年度海绵城市试点绩效评价"第二批国家试点城市第一名。该规划也获得"2017年度全国优秀城乡规划设计奖"二等奖。

规划实施两年来，深圳市系统性在全市推进海绵城市建设，明确了工作组织、规划设计、建设实施、资金保障、激励政策等内容，特别是建立了涵盖建筑小区、道路广场、公园绿地、城市水系等1800多个项目的海绵城市建设项目库；深圳市总体规划、法定图则、单元更新规划等相关法定规划也逐步纳入海绵城市建设内容。比如规划提出的海绵空间格局、水生态敏感区划定、核心指标全面纳入《深圳市城市总体规划（2016—2035）》（在编）等。

同时，规划结合深圳市现有管控机制，提出将核心指标纳入深圳市规划建设管控流程，特别是"一书两证"中的具体实施路径，已成为推动深圳市海绵城市建设的重要抓手。

事实上，随着海绵城市建设的全面推进，深圳市正在不断充实海绵城市项目库，2017—2018年，专家认定已完工海绵城市项目1 383个，新增海绵城市面积达104km²，其中既有设施海绵专项改造项目719个。

四、海绵城市之珠海篇

1. 试点情况

珠海西部中心城区和横琴新区将成试点示范区，示范区包括了西部中心城区三个启动区中的两个：中心片区和金湾片区，总面积248.18km²。以建立海绵水系统、海绵湿地系统、海绵梯级湿地系统、海绵植物系统、海绵道路系统、海绵公园绿地系统为主要海绵措施。

横琴新区示范区范围为东至环岛东路—环岛北路—万利东道—艺文二道一线，南至大横琴山第一层山脊线，西至磨刀门水道，北至环岛北路—

桂风路—琴海北路一线区域，总面积约20km²。同时考虑到流域的完整性，将中心河周边约50km范围作为示范的范围。另外，按照"因地制宜、分区控制"的原则，设立5个功能分区：居住小区海绵城市建设示范区、公用建筑海绵城市建设示范区、工业用地海绵城市改造示范区、海绵山体恢复示范区、生态湿地海绵体恢复示范区。

建设海绵城市

2. 建设目标

海绵排水系统规划目标一是年径流总量控制率，到2020年，珠海市建成区20%以上面积达到这一目标；到2030年，珠海市建成区80%以上的面积达到目标要求。二是年雨水径流污染物削减率，到2020年为35%。三是排水管网标准，中心城区标准：中心城区和横琴新区的一般地区以及科教城、滨江城、航空城、富山城、海港城雨水排水标准采用3

年一遇；重要地区标准：作为中心城区的老香洲片区的翠香路以南、凤凰路和康宁路以东、人民路和海滨南路以北 、情侣路以西区域雨水排水标准采用 5 年一遇；吉大片区景山路、海滨南路、九洲大道合围的区域和拱北片区粤海路、桂花南路、珠澳边界通道以及情侣南路合围的区域均是珠海市中心城区重要的商贸、交通枢纽和通关口岸，排水标准采用 5 年一遇；南湾城区湾仔十字门商务区是中心城区重要的会展中心，排水标准采用 5 年一遇。

五、海绵城市之广州篇

2017 年 7 月 6 日，《广州市海绵城市专项规划（2016—2030）》正式公布，其中提出广州要新建、改造 51 个海绵公园，提升城市排水防涝能力；新建 25 处人工湿地和 128 处植被缓冲带，集中净化建成区的黑臭河涌水体。规划中还特别提出，公共绿地中至少应有 50% 作为滞留雨水的下沉式绿地，下沉式绿地应低于周围地面 50mm。

1. 目标

2030 年建成区 80% 面积要达到海绵城市要求。《广州市海绵城市专项规划（2016—2030）》（以下简称《规划》）中提出的总体建设目标是：打造高密度建设地区海绵城市建设典范，建设山水共生的岭南生态城市和宜居都市。通过海绵城市建设，综合采用"净、蓄、滞、渗、用、排"等措施，将 70% 的降雨就地消纳和利用。到 2020 年，城市建成区 20% 以上的面积达到目标要求；到 2030 年，城市建成区 80% 以上的面积达到目标要求。此外，《规划》中提出近期广州市水域面积率应达 10.15%，远期要达 11% 以上；森林覆盖率近期应达到 42.5%，远期达 44.15% 以上。

《规划》中提出，以市政设施为基础，以生态廊道及生态基础设施为载体，综合运用"净、蓄、滞、渗、用、排"理念，构建源头、过程、末端全过程管控的分散型海绵系统。新城区、各类园区、成片开发区以目标为导向，全面落实海绵城市建设要求，保护河湖水系等自然生态本底，高标准建设、低影响开发雨水设施，提高对径流雨水的控制率。老城区以问题为导向，结合城市更新改造，重点解决城市内涝、黑臭水体治理、雨水收集利用等问题，改善、修复水生态环境。

近期全市各区海绵城市的建设重点区域为：从化中心区和温泉镇部分区域；南沙蕉门河中心区；增城中心区；天河车陂涌流域；海珠琶洲和广纸地区；番禺大学城、南站商务区部分区域和国际创新城；白云新城及周边地区；花都中心区；荔湾大坦沙、芳村地区；越秀流花湖片区、二沙岛地区；黄埔临港经济区。

《规划》根据水生态基础设施识别及生态廊道体系分析，构建了广州市海绵城市自然生态空间格局，即"两区、三轴、四片、十八廊、多核、多网"的布局结构。

两区：北部从化、花都、增城山区生态林地所形成的山林生态涵养区；南部南沙滨海湿地形成的滨海湿地保育区。

三轴：西航道—前航道—珠江、流溪河、增江—东江北干流三条核心水系廊道。

四片：四大陂塘—水田基质，包括潖二河流域陂塘水田基质、新街河流域陂塘水田基质、派潭河流域陂塘水田基质和西福河流域陂塘水田基质。

十八廊：指新街河、西福河、派潭河、潖二河、龙潭河、小海河、沙溪河、石井河、沙河涌、车陂涌、乌涌、南岗河、官湖水、雅瑶河、派潭河、后航道、沙湾水道、上下横沥水道等十八条贯通上下游的主要河涌及其滨河绿带所形成的联系各生态板块和小型水系的廊道体系，构成城市地表蓄排水系统和海绵网络系统。

多核：指众多自然山体与森林公园。

多网：指道路防护绿带等生态廊道交织组成的生态绿网，是连通各个小型生态绿地板块与小型水系的绿地廊道，构成城市地表雨水传输系统和海绵网络系统。

2. 焦点

焦点一：城市中建设自然"蓄水"系统。

《规划》中特别提出，城市建成区要建设自然"蓄水"系统。要新建海绵公园与湿地公园 73 个，结合现有的水库、人工湖等，减轻相关排水分区的排水防涝压力，提升排水防涝标准，弹性适应洪潮与海平面上升。其中海绵公园 51 个，包括了现有公园的海绵化改造和新建公园。例如，海珠区要建设广州大道海绵绿地，白云区要建设高埔工业区绿地，而荔湾区的文化公园和越秀区的流花湖公园等都要进行海绵化改造等。

还将新增植被缓冲带 128 处，通过植被拦截及土壤下渗作用，减缓地表径流流速、去除径流中的部分污染物，削减径流污染。新建人工湿地 25 处，可集中净化白云区、番禺区、海珠区、黄埔区、荔湾区、天河区和越秀区等建成区内黑臭河涌水体。其中包括荔湾湖净化湿地、流溪河净化湿地、白云湖净化湿地、石井河净化湿地、珠江公园净化湿地、流花湖净化湿地等。

此外，拟生态整治和修复 97 条综合效益较高的河涌，以重建河涌水生态系统，恢复河流水生态系统服务功能为目标，模拟河流的自然形态与自然生态系统结构，利用乡土植被构建生态驳岸、植被缓冲带等修复河岸生态系统，通过原位生态修复技术、人工湿地等措施修复河涌生态系统。

焦点二：市民担忧下沉式绿地惹蚊虫。

对于新建工程，《规划》也提出众多径流量控制的要求。其中，新建建设工程硬化面积达到 1 万 m² 以上的项目，除城镇公共道路外，每万平方米硬化面积应配建不小于 $500m^2$ 的雨水调蓄设施，可以和生态景观塘、循环水池等合并设置、综合利用；新建项目硬化地面中，除城镇公共道路外，建筑物的室外可渗透地面率不低于 40%；人行道、室外停车场、步行街、自行车道和建设工程的外部庭院应当分别设置渗透性铺装设施，其占比不低于 70%。

尤其值得关注的是，《规划》中明确提出：凡涉及绿地率指标要求的建设工程，除公园之外的绿地中至少应有 50% 作为用于滞留雨水的下沉式绿地，绿地应低于周围地面 50mm，设于绿地内的雨水口顶面标高应当高于绿地 20mm 以上；并可以设置能在 24 小时内排干积水的设施。

如果小区里的绿地大面积变成下沉式的，是否会给人们的生活带来不便呢？家住芳村的王阿姨就表示："广州雨水多，绿地都凹下去会不会变成积水池？滋生蚊虫就不好了。"此外，也有园林专家指出，大面积推广下沉式绿地会造成大片地被植物和一些灌木被毁坏，大片土壤表层被破坏，树根裸露出来一截，会大量死掉，特别是老树和古树名木；一旦暴雨，许多植被会被淹死。若一律改种耐水植物，将破坏生物多样性和景观多样性；而且大雨后，很多公共绿地难以迅速恢复为市民服务的活动场所，势必要进行清淤、清洗等，给管理带来很大难度。

不过，规划专家则表示："下沉式绿地到底好不好，关键还是看管理。如果每个小区的绿地都建成下沉式的，整个城市无形中多了很多'储水池'，下大雨时'水浸街'的几率大大降低。"该人士解释说，"下沉式绿地里储存的水并不是说长期滞留，变成蚊虫滋生的臭水池；而是在暴雨时，临时将下水管道无法快速排走的雨水暂存，可能是半个小时，或者一两个小时，最终还是要排走的，但却给市政排水管网赢得了时间。而且各种形式的下沉式绿地也不尽相同，有的下沉式绿地通过渗透的方式排走雨水，还有的绿地下面建有排水管，当然投资也不尽相同。"

PART 5

大湾区城市污水处理

一、什么是城市生活污水？

城市中人们日常生活活动过程中使用过并被生活废物所污染而产生的废水称为城市生活污水。城市生活污水通常包括来自住宅、公共场所、机关单位、学校、医院、餐饮业，以及各种卫生间冲洗、厨房洗涤与洗衣生活污水。生活污水产生后经城市管网汇集到污水处理厂。另外，在降雨过程中产生的雨水淋洗城市大气污染物和冲洗建筑物、地面、废渣、垃圾而形成城市径流污水进入下水道。这种污水具有季节变化和成分复杂的特点，在降雨初期所含污染物甚至会高出生活污水多倍。由于大湾区城市的污水管道和城市雨水管道多数采用合流制，所以大湾区城市的污水包含城市生活污水和径流污水，合排后经城市管网汇入污水处理厂。据广州市净水有限公司统计，广州市 2019 年 2 月污水处理量超过 300 万吨 / 天。

经城市管网排放城市污水

城市污水如果没有进行有效的处理，直接排放到江河和湖泊，对人类和动植物都具有极其严重的危害：会对生物链造成严重的破坏，会造成植物大面积的枯萎，鱼类、动物出现物种灭绝；通过饮水或食物链，污染物进入人体内，会使人急性或慢性中毒，还可诱发癌症。

城市污水严重危害水环境

城市污水的性质可以分为物理性质和化学性质。其中物理性质包括颜色、气味、水温、氧化还原电位等指标，通过这些物理指标，可以对污水的性质和污水处理厂的运行状态作出判断。

（1）色度。城市生活污水经城市管网排入城市污水厂后，进水颜色通常为灰褐色，通常这种污水比较新鲜。但实际上进水的颜色与城市下水管道的排水条件和排入废水种类相关。如果进水在管道中存积太久而腐化，进水则呈黑色且臭味特别严重。如果有工业废水进入城市生活污水，则进水将混有明显可辨的其他颜色如红、绿、黄等。对一个已建成的污水厂来说，只要它的服务范围与服务对象不发生大的变化，则进水的污水颜色一般变化不大。要按流程逐个观测各污水池上的污水。活性污泥的颜色也有助于判断构筑物运转状态，活性污泥正常的颜色为黄褐色，正常的气味应为土腥味，工作人员在现场巡视中应有意识地观察与嗅闻。如果颜色变黑或闻到腐败气味，则说明供氧不足，或污泥已发生腐败。

（2）气味。污水厂工人可以通过污水的气味来判断污水处理厂的运行情况。污水厂的污水除了正常的粪臭味外，如果在集水井附近有闻到臭鸡蛋味，表明管道内污水发生腐化而产生少量硫化氢气体。当在曝气池旁嗅到一股土腥味时，就能断定活性污泥的曝气池运转良好。若城市污水中闻到有汽油、溶剂、香味，可能是有工业废水混合排入城市污水。

（3）水温。水温对曝气生化反应有着很大的影响。一个污水厂的水温是随季节逐渐缓慢变化的，一天内几乎无甚变化。如果一天内变化很大，则要进行检查，看是否有工业冷却水排入。

（4）氧化还原电位。正常的城市污水的氧化还原电位约为+100mV，当污水的氧化还原电位小于+40 mV 或负值，说明污水已经处于厌氧发酵阶段或有工业还原剂大量排入。当污水的氧化还原电位超过+300mV，说明有工业氧化剂废水大量排入。

（5）化学指标。城市污水的化学指标很多，它包括酸碱度（pH）、碱度、生化需氧量（BOD）、化学需氧量（COD）、固体物质、氨氮（NH_3-N）、总磷(TP)、重金属含量等。

（6）酸碱度（pH）。城市污水的 pH 值一般为 6.5~7.5。当城市污水的 pH 值发生微小降低时，可能是由于城市污水在输送管道中发生厌氧发酵而酸化。在雨季，当城市雨水管网和生活污水管网为合建时，如果进水的 pH 值偏低，往往是由于城市酸雨造成。若进水的 pH 值突然大幅度升高或降低，通常意味着有大量的工业废水排入城市生活污水中。

（7）生化需氧量（BOD）。城市污水处理中，常用生化需氧量指标反映污水中有机污染物的浓度。指在 1 升含有机物的水中，在有氧条件下由好氧微生物进行氧化分解时所消耗的溶解氧的量，单位为 mg/L。由于微生物的好氧分解速度开始很快，约 5 天后其需氧量即达到完全分解需氧量的 70% 左右，因此在实际操作中常用在 20℃条件下培养 5 天的生化需氧量（BOD5）来衡量污水中有机物的浓度。

（8）化学需氧量（COD）。化学需氧量是指在加热条件下使用强氧化剂使被测废水中有机物进行化学氧化时所消耗的氧量，单位为 mg/L。COD 测定速度快，不受水质限制，用它指导生产较方便。

（9）悬浮固体（SS）。城市污水中含有大量的固体物质，包括不溶于水中的无机物、有机物及泥沙、黏土、微生物等。是造成水浑浊的主要原因。

（10）营养元素。生活污水中的营养元素包含总氮（TN）、氨氮（NH_3-N）和总磷（TP）。氮、磷含量是重要的污水水质指标之一，在污水生化处理过程中微生物的新陈代谢需要消耗一定量的氮、磷。如果氮、磷排入到水体中，将会导致水体中的藻类超量增长，造成富营养化。

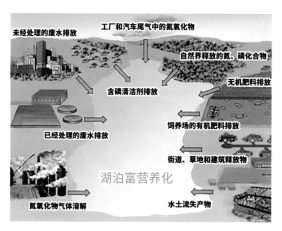

水体富营养化来源和现象示意图

二、格栅

污水中的污染物一般以三种形态存在：悬浮（包括漂浮）态、胶体状态和溶解态。污水进入污水处理厂的第一道工序就是进入格栅处理。含有悬浮物的污水通过格栅后，格栅将污水中的悬浮态污染物进行隔离，以防止堵塞水

大坦沙污水处理厂格栅

泵叶轮和管道阀门及增加后续处理单元负荷。格栅一般由一组平行的栅条组成，斜置于泵站集水池的进口处。其倾斜角度为 60°~80°。格栅后应设置工作台，工作台一般应高于格栅上游最高水位 0.5m。

沥滘污水处理厂格栅

三、沉砂池

城市生活污水经过格栅将水中较大的悬浮物质隔离后，进入下一道处理单元。由于污水在迁移、流动和汇集过程中不可避免会混入泥沙，尤其是对于雨污合流制的广州市已建排水管网，大量的泥沙会随着雨水流入污水。污水中的泥沙如果不预先沉降分离去除，则会磨损机泵、堵塞管网、干扰甚至破坏生化处理工艺过程。

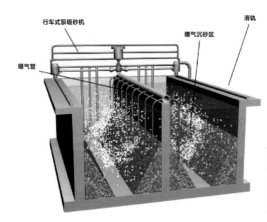

曝气沉砂池

沉砂池主要用于去除污水中粒径大于 0.2mm，密度大于 $2.65t/m^3$ 的砂粒，以保护管道、阀门等设施免受磨损和阻塞。其工作原理是以重力分离为基础，故应控制沉砂池的进水流速，使比重大的无机颗粒下沉，而有机悬浮颗粒能够随水流带走。沉砂池主要有平流沉砂池、曝气沉砂池、旋流沉砂池等。

普通沉砂池的最大缺点就是在其截留的沉砂中夹杂有一些有机物，这些有机物的存在，使沉砂易于腐败发臭，夏季气温较高时尤甚，这样对沉砂的处理和周围环境产生不利影响。曝气沉砂池的水力旋转作用使砂粒与有机物能够高效分离，从曝气沉砂池排出的沉砂中，有机物只占 5% 左右，长期搁置也不会腐败发臭。曝气沉砂过程的同时，还能起到弃浮油并吹脱挥发性有机物的作用和预曝气充氧并氧化部分有机物的作用。曝气沉砂池的优点是除砂效率稳定，受进水流量变化的影响较小。同时由于曝气沉砂池占地小，能耗低，土建费用低，故曝气沉砂池多被广泛应用。

四、生物处理

生活污水经沉砂池可以分离水中的泥沙等无机矿物质，剩余一些有机物。国内外一般都采用生物处理方法处理生活污水。生物处理方法是通过微生物的代谢作用，使废水中呈溶液、胶体以及微细悬浮状态的有机污染物转化为稳定、无害的物质的废水处理法。根据作用微生物的不同，生物处理法又可分为需氧生物处理和厌氧生物处理两种类型。城市生活废水生物处理广泛使用的是需氧生物处理法，需氧生物处理法又分为传统活性污泥法，A–A–O法和生物膜法。

活性污泥法是一种污水的好氧生物处理法，由英国的克拉克（Clark）和盖奇（Gage）约在1913年于曼彻斯特的劳伦斯污水试验站发明并应用。城市生活污水多采用活性污泥法，具有处理能力强，出水水质好的优点。它能从污水中去除溶解性的和胶体状态的可生化有机物以及能被活性污泥吸附的悬浮固体和其他一些物质，同时也能去除一部分磷和氮。活性污泥法是一种废水生物处理技术，是以活性污泥为主体的废水生物处理的主要方法。这种技术将废水与活性污泥（微生物）混合搅拌并曝气，使废水中的有机污染物分解，形成污泥状絮凝物，随后从已处理废水中分离。污泥上栖息着以菌胶团为主的微生物群，具有很强的吸附与氧化有机物的能力。

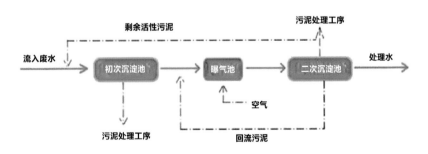

生活污水活性污泥法处理示意图

该方法主要由初沉池、曝气池、沉淀池、污泥回流和剩余污泥排放系统组成。废水和回流的活性污泥一起进入曝气池形成混合液。曝气池是一个生物反应器，通过曝气设备充入空气，空气中的氧溶入混合液，为好氧微生物提供足够的氧含量，产生好氧代谢反应，同时混合液由于被曝气而得到足够的搅拌呈悬浮状态，这样，废水中的有机物、氧气同微生物能充分接触反应。传统活性污泥处理法是一种最古老的工业污水处理工艺。

A-A-O 法是在传统活性污泥法的基础上发展起来的一种集厌氧—缺氧—好氧于一体的污水处理工艺，其中前一个 A 代表 Anaerobic（厌氧的），后一个 A 代表 Anoxic（缺氧的），O 代表（好氧的）。A-A-O 法具有较好的除磷脱氮效果。

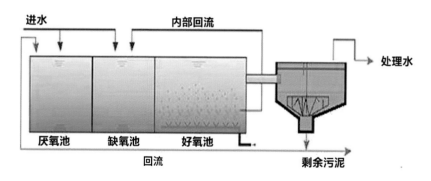

生活污水 A-A-O 法处理工艺示意图

原污水与从沉淀池排出的含磷回流污泥同步进入厌氧池，部分有机物被氨化，同时在好氧阶段摄取磷酸盐的聚磷菌释放磷。然后再进入缺氧池，缺氧池的功能首要是脱氮，通过内循环由好氧反应器送来的硝态氮与厌氧池内的氨氮在反硝化细菌的作用下形成氮气而实现脱氮。脱氮后的有机物进入好氧池后，在好氧微生物的作用下被分解，同时，有机氮被硝化，废水中的磷元素被聚磷菌在好氧时不仅能被摄取合成自身核酸和腺苷三磷酸（ATP），而且能逆浓度梯度过量吸磷合成贮能的多聚磷酸盐颗粒（即异染颗粒）于体内，供其内源呼吸用，达到除磷的目的。经过 A-A-O 法处理后的污水进入沉淀池，进行泥水分离，污泥一部分回流至厌氧反应器，一部分沉淀进入污泥处理系统被处理，上清液作为处理水排放。

生物膜法是水中微生物沿固体（载体）表面生长成黏膜状的生物处理方法的统称。主要特点是微生物附着在介质"滤料"表面，形成生物膜，污水同生物膜接触后，溶解的有机污染物被微生物吸附转化为水（H_2O）、二氧化碳（CO_2）、氨气（NH_3）和微生物细胞物质，污水得到净化，所需氧气一般直接来自大气。生物膜的典型生物器包含有生物滤池、生物转盘、曝气生物滤池或厌氧生物滤池。前三种用于需氧生物处理过程，后一种用于厌氧过程。

大量的"毛刷"作为载体被悬挂在水中，当有机废水或活性污泥悬浮液培养而成的接种液流过载体时，水中的悬浮物及微生物被吸附于载体表面上，其中的微生物利用有机底物而生长繁殖，逐渐在载体表面形成一层黏液状的生物膜。这层生物膜具有生物化学活性，又进一步吸附、分解废水中呈悬浮、胶体状态和溶解状态的污染物。随着微生物的不断生长，生物膜逐渐变厚，在生物膜表面处于好氧状态，形成好氧层。好

生物膜处理废水实例

氧层的微生物不断吸收水中的溶解氧和有机物，实现对有机物的氧化去除。而当生物膜生长到一定的厚度后，内层的微生物由于不能充分与氧气接触，导致内层生物膜趋于厌氧状态，形成厌氧层，内层的微生物生长衰退，逐渐死亡而脱落至水中，经沉淀而作为污泥去除。污水经净化处理后被排放出去。

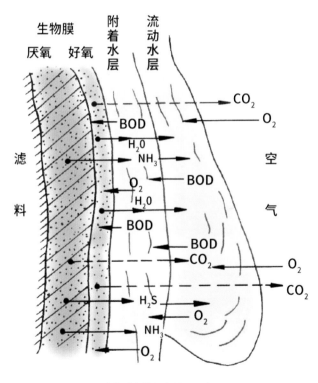

生物膜净化污水过程示意图

五、深度处理

　　我国是严重缺水的国家之一，尤其是城市化快速发展时期，城市缺水状况越来越严重。为解决大量的工业生产用水和市政或生活辅助用水，城市污水经上述处理后，再通过深度处理可回用为绿化用水、景观用水、工业用水，不仅缓解了供水不足、水污染和改善生态环境等问题，而且提高了回用水的水质、水量及其经济附加值，使之具有更广泛的应用空间，从而创造更多的经济效益。下图为广州京溪污水处理厂出水经深度处理后回用作为厂区的景观用水。深度处理常见的方法有以下几种。

广州京溪污水处理厂污水绿化回用示范

1. 活性炭吸附法

　　活性炭是一种多孔性物质，而且易于自动控制，对水量、水质、水温变化适应性强，因此活性炭吸附法是一种具有广阔应用前景的污水深度处理技术。活性炭对分子量在 500 ~ 3 000 的有机物有十分明显的去除效果，去除率一般为 70% ~ 86.7%。常用的活性炭主要有粉末活性炭（PAC）、颗粒活性炭（GAC）和生物活性炭（BAC）三大类。其中最常见的是颗粒活性炭填充于过滤器中，污水经活性炭填充过滤器后，污染物质被吸附在活性炭中，实现对污水的深度净化，使出水达到二级排放标准及以上。

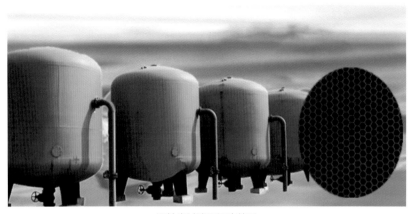

活性炭过滤器深度处理

2. 城市污水消毒深度处理

城市污水经二级处理后,水质已经改善,细菌含量也大幅度减少,但细菌的绝对数量仍很可观,并存在有病原菌的可能,必须在去除掉这些微生物以后,废水才可以安全地排入水体或循环再用。消毒是灭活这些致病生物体的基本方法之一。

城市污水处理厂出水紫外消毒处理

（1）紫外线消毒。紫外线消毒是一种物理消毒方法，紫外线消毒并不是杀死微生物，而是去掉其繁殖能力进行灭活。紫外线消毒的原理主要是用紫外光摧毁微生物的遗传物质核酸（DNA 或 RNA），使其不能分裂复制。除此之外，紫外线还可引起微生物其他结构的破坏。

（2）氯消毒。氯消毒是向水中加入液氯或者次氯酸盐，二氧化氯等溶液于污水中，形成具有高效消毒能力的自由氯，对污水中的微生物进行消毒灭活。氯的消毒效果受接触时间、投加量、水质（含氮化合物浓度、SS 浓度）、温度、pH 以及控制系统的影响。

（3）臭氧消毒。臭氧（O_3）是氧（O_2）的同素异形体，纯净的 O_3 常温常压下为蓝色气体。臭氧具有很强的氧化能力（仅次于氟），能氧化大部分有机物。臭氧灭菌过程属物理、化学和生物反应，臭氧灭菌有以下三种作用：①臭氧能氧化分解细菌内部氧化葡萄糖所必需的酶，使细菌死亡。②直接与细菌、病毒作用，破坏它们的细胞壁、DNA 和 RNA，细菌的新陈代谢受到破坏，导致死亡。③渗透胞膜组织，侵入细胞膜内作用于外膜的脂蛋白和内部的脂多糖，使细菌发生透性畸变，溶解死亡。因此，O_3 能够除藻杀菌，对病毒、芽孢等生命力较强的微生物也能起到很好的灭活作用。

六、广州老城区黑臭水体的整治

随着环境污染问题的加剧，城市黑臭水体现象严重。城市黑臭水体问题主要有四大原因：①点源污染，主要来源于排放口直排污废水、合流制管道雨季溢流、分流制雨水管道初期雨水或旱流水、非常规水源补水等入河涌。②面源污染，降水所携带的污染负荷、城乡接部地区分散式畜、禽养殖废水的污染等。③内源污染，底泥污染、生物体污染、漂浮物、悬浮物、岸边垃圾、未清理的水生植物、藻类等。④其他污染，包括城镇污水厂尾水超标、工业企业事故排放、秋季落叶等。

城市黑臭水体是百姓反映强烈的水环境问题，不仅损害了城市人居环境，也严重影响城市形象。近几年"让市长下河游泳"的呼声反映了百姓对解决和治理城市黑臭水体的强烈愿望。城市黑臭水体整治工作系统性强，工作涉及面广。截至 2018 年底，广州市确保九大流域内 197 条黑臭河涌基本消除黑臭，主要考核断面水质达标。

广州市荔湾区的驷马涌曾是一条黑臭河涌。经过截污、清淤、生态修复等一系列措施，驷马涌已经告别黑臭，在涌边看，水面上已隐约可见涌底的石头。两岸的步道上开满了紫红色的花。涌边搭建了长长的管道，一条条软管从管道伸出探入河中，不时喷出气泡。这是实施纳米气泡生态修复，以增加涌水的含氧量，提升水体的活力。

驷马涌改造前（左）和改造后（右）对比图

在猎德涌，由于上游来水较少，自净能力差，加上流域内部分截污管线未完善等原因，猎德涌曾经沦为黑臭河涌，水质为劣等，河涌内经常出现大量的死鱼。2017 年下半年开始，猎德涌引入了"八爪鱼"漂浮物自动清洁船。通过控制船上两个细长的"手臂"，伸向水面张开，在 3~30m 范围的水面包围并聚拢各种漂浮物。一个人操作一条船就能将涌面的漂浮垃圾"一网打尽"，收集到的漂浮物还可以在船上自动沥干。

猎德涌改造前（左）和改造后（右）对比图

猎德涌采取微生物水体修复技术，通过微纳米气泡水发生器，向水体进行供氧，河涌内配有 1 500 套生物强化膜，通过微生物投放并附着于生物膜上后，有效减缓猎德涌各跨涌桥周边区域底泥的淤积。经过持续的整治以及养护后，猎德涌已成为天河区知名的亲水绿道，涌水呈淡绿色，闻不到异味，涌上小桥流水，涌边亭台楼阁花木葱茏。

七、城市生活污水的污泥来源

城市污水处理厂在对污水的处理过程中，污水中的部分污染物转化为微生物絮体等可沉降物质排出，这些排出物是以固液混合为特征的城市污水厂污泥。污泥主要包含有无机物和有机物两大组分，其中污泥中由于有机物含量高，含病菌及寄生虫卵，性质不稳定，容易腐化发臭和发生流行病。另外废水处理过程中许多有害物质会转移到污泥中，导致污泥中有毒有害物质含量高。污泥含水率高，成胶状结构不易脱水，但便于用管道输送。污泥中含较多的植物营养元素，经处理可以用作有机肥。

广州市水务局的统计数据显示，目前广州污水处理厂出厂含水量

80% 左右的污泥每天在 2 700 t 左右，由于含水率高、黏稠、易发臭，运输和处置困难。此前，广州大部分污泥需要送往市外处理，最远的是 200km 外的英德市。

香港沙田污水处理厂产生的剩余污泥经过离心机脱水后，通过螺旋输送机进入厌氧消化池。污水厂共有 14 座厌氧污泥消化缸（Anaerobic Sludge Digestion Tank），第一期及第二期 8 个是气提式（Gas Mixing Type）消化缸，每个缸容量 2 960m^3，利用压缩沼气搅拌污泥，其余 6 个位于第三期，是机械搅拌式（Mechanical Mixing Type）消化缸，每个缸容量 3 720m^3，利用内置机械循环搅拌泵搅拌污泥。

城市污水处理厂沉淀池污泥

污泥离心脱水机（左）和污泥螺旋输送机（右）

初级污泥及浓缩后的剩余活性污泥在污泥消化缸内进行厌氧消化，消化缸内温度保持在35℃左右，利用有机生物在厌氧的环境下发酵分解污泥中有机物质达到稳定状态。

香港沙田污水处理厂污泥消化罐

八、城市污水污泥的焚烧

随着城市的发展，城市污水污泥的产量日益增加。香港的11个污水处理厂产生的湿污泥量越来越大，如今已经达到每天1 200t，而这个数字到2030年将增加到2 000t。从前这些污泥都是直接倾倒在填埋场，体积太大且浪费资源，对环境不友好。2016年5月19日全球最大的污泥处理厂"香港T·PARK"正式运行。这座污泥处理设施由威立雅公司负责建设和运营。威立雅公司采用先进的流化床焚烧技术，共4个焚烧炉一同作业，每日处理2 000t污泥，实现污泥的减量化和资源化。威立雅公司采用的流化床焚烧技术能够把热能迅速传到污泥，炉内猛烈翻腾的沙砾可以去除焚化炉燃烧产生的灰烬，污泥经过高温焚烧后，剩余的底灰和残渣只有原来的10%，从而大大减少了填埋区的负荷。污泥在焚烧过程中，能够将热能转化为电力，供给整个污泥厂运营的同时并入公共电网，供给约4 000户居民的使用。在焚烧过程，炉温保持850℃的高温至少两秒，避免产生二噁英。

T·PARK除每周二闭馆外，其他时间都向公众开放。如果公众在参观中闻到臭味，那么一传十十传百，就会全港皆知。但是，T·PARK运营至今，迎来了 10 万个访问者，原因就在于这里闻不到臭味。解决臭味问题，需要依靠一系列更精细的技术和管理，比如污泥在进入焚烧炉前，需要经过除臭系统处理，而后放入指定斗槽经混合后再泵入焚化炉。为了防臭，T·PARK 做到全细节、全方位防控，污泥卸置区及储存区都配备了先进的通风系统。此外还有条密封污泥接收车道，运输污泥的车辆卸下污泥后，先清洗，再吹干，才允许驶离设施。

香港 T·PARK 污泥焚烧厂

T·PARK 是香港首座污泥处理厂，是目前全球最大的污泥焚烧发电厂，实现了污泥处理、发电、海水淡化、污水处理和面向公众的社区设施等多种功能的密切结合。因此，香港污泥处理厂不是一个简单的环境基础设施，而是一个可以把废物转化为能源的"世界"，加上其环境教育中心的定位，为环保建设项目提供了全新思路。

九、城市生活污水污泥的土地利用

污泥的土地利用通常是指污水污泥经稳定化处理后，其中含有的大量营养成分又重新回归土地。污泥土地利用具有投资少、能耗低、运行费用低的特点，其中的养分可以改良土壤，因此污泥土地利用被认为是具有发展潜力的处置方式。

但是由于污泥中含有重金属、病原体、难降解有机物等物质，如果污泥土地利用过程操作不当，将会导致这些物质浸出而污染地表水和地下水。而且污泥中的重金属在土地利用过程也有可能由于被农作物吸收富集，从而迁移到食品当中，因此，在污泥土地利用前应对其存在的重金属污染风险进行严控。污泥的土地利用主要有农用及园林绿化两种形式。

1. 污泥用作农肥

污泥中含有病菌、寄生虫、病原体及重金属等对农作物不利的物质，因此污泥用作农肥要注意三个关键问题：首先，污泥中重金属会造成土壤污染；其次，污泥中的病原体会对环境造成影响；最后，要防止污泥中的高浓度氮、磷（N、P）对地下水造成污染。

广东省山地丘陵多，地形倾斜，高低起伏，加上高温多雨，土壤侵蚀强烈，有机质分解快，积累难，致使有机质含量低，pH值低，养分流失量大，土壤肥力低。广州市污泥一般含有大量的氮、磷、钾的营养成分，在重金属含量达标的前提下，可以用作肥料和土壤改良剂。

广州市污泥中的营养成分 （单位：%）

处理厂	氮	磷	钾
猎德污水处理厂	3.23	2.25	2.112
大坦沙污水处理厂	3.67	2.13	1.736
广州开发区污水处理厂	5.41	3.32	1.455
国内其他大型污水处理厂	2.4~3.9	1.2~3.5	0.32~0.43

（1）污泥中的重金属。广州市城市污泥中重金属含量较高，汞、镉、铬、锌、铜（Hg、Cd、Cr、Zn、Cu）等含量均有超过《农用污泥中污染物控制标准》（GB4284—84）规定的农田施用污泥中污染物最高量（广

州市环境监测中心站监测结果）。《农用污泥中污染物控制标准》还规定"在沙质土壤和地下水位较高的农田上不宜施用污泥；在酸性土壤上施用污泥必须遵循在酸性土壤上污泥的控制标准之外，还必须同时年年施用石灰以中和土壤酸性"。污泥中的重金属是污泥农用最主要的控制因素，如果污泥施用量大，这些重金属会对植物、动物产生毒害作用，甚至通过食物链与生物链的传递而对人类产生毒害作用。华南地区属于红壤地区，土壤多为酸性，而且江河密布，地下水位高，因此往往也制约了污泥肥料的大面积农用的推广利用。

（2）污泥中的病原体。污泥中含有大量的病原体，常见的有寄生虫、细菌、真菌和病毒四大类，其主要来源是污水中的病原体在污水处理过程中进入污泥，当污泥进入环境的时候，其中的病原体也随之被传播到环境中，对环境和公共卫生构成严重威胁。

对于污泥农业利用过程中具有潜在生态风险的重金属、病原体和有毒有机物等的污染控制研究，国内目前还处于起步阶段，因此广州市污泥的农业利用还需要进一步深入研究。

（3）污泥在园林绿化中的应用。干污泥和污泥堆肥施用于城市绿化及观赏性植物，既脱离食物链，减少运输费用，节约化肥，又可使花卉的开花量增加，花径增大，花期延长。最近，华南农业大学与广州市园林研究所合作，把污泥与木屑（绿化公司修剪下来的树枝粉碎）混合堆肥，作为育苗和花卉基质，效果不亚于用泥煤土开发的花卉基质，而在经济上，由于不需再购高价的泥煤土，代之以污泥为原料，变废为宝，经济效益更佳。

十、城市生活污水污泥的堆肥

经过脱水后含水率为80%的污泥由污泥专用车运入混料车间倒入生料仓储存。脱水污泥由螺旋输送机按照预订量输送进入混料机内。回填料通过料仓底部的螺旋输送机按照预订量进入混料机。混料机将两种物料充分混合搅拌，完成混料过程。含水率控制在55%~60%的混合物料由混料机出口经过上料螺旋输送机，输送至好氧发酵车间。

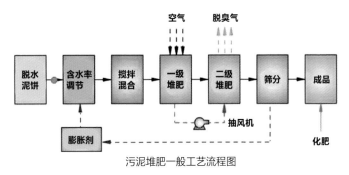

污泥堆肥一般工艺流程图

好氧发酵车间内设快速好氧发酵仓，仓底铺设平面专用固体发酵曝气装置。好氧发酵车间两端设有相对独立的维修间，供翻堆机、转仓机出仓检修。翻堆机定期将物料翻堆、打散、前移，并使其从发酵仓入口向出口移动，发酵最高温度可达70℃，维持3天时间，污泥中的病原体、杂草种子等被杀死，经过20天的充分好氧发酵，污泥含水率降到40%以下，完全达到污泥减量化、无害化目的。

污泥好氧发酵间

十一、广州生活污水处理厂

广州市目前共有大中型市政污水处理厂40座，合计污水处理设计规模583.3万t/d。广州市净水有限公司下辖19座污水处理厂，综合污水处理能力353.83万t/d（约占广州市总污水处理设计能力的60.66%）。其中中心区10座污水处理厂（猎德、大坦沙、沥滘、西朗、大沙地、龙归、竹料、石井、京溪、石井净水）的运行情况如下表所示：

广州市污水处理厂运行情况公示表（2019年2月）

序号	污水集中处理设施名称	设计处理能力（万t/d）	平均处理量（万t/d）	平均进水COD浓度（mg/L）
1	广州市猎德污水处理厂	120	116.02	210
2	大坦沙污水处理厂	55	54.88	140
3	沥滘污水处理厂	50	50.31	220
4	西朗污水处理厂	20	23.47	187
5	大沙地污水处理厂	20	22.23	224
6	龙归污水处理厂	14	9.79	201
7	竹料污水处理厂	6	4.59	138
8	石井污水处理厂	30	22.13	139
9	京溪污水处理厂	10	7.98	134
10	石井净水厂	15	11.55	155

上述10座污水处理厂设计规模340万t/d，2019年02月污水处理量为322.95万t/d，污水运营负荷率94.99%。结果显示，广州城区污水处理厂目前面临污水处理满负荷的严峻情况。

广州市京溪污水处理厂为全国首座全地埋式的膜生物反应器污水处理厂，占地面积约1.8hm²，仅为同类常规污水处理厂用地的五分之一，是全国吨水占地面积最小的城市生活污水处理厂。服务范围包括沙河涌左右支流和南湖地区，共 15.7km²，日污水处理能力达到 10 万 t。

广州京溪污水处理厂出水作为景观水排入河涌

　　京溪污水处理厂从外表看完全看不出是一座污水处理厂，整个厂区是一个花园式办公区，鸟语花香，厂区中间矗立着一座高高的钟楼仿如欧洲小镇，而且没有任何异味。但往下走两层楼梯，一组包括细格栅、曝气沉砂池的污水处理设备便呈现在眼前。一条可通汽车的通道从中穿过，方便外运淤泥。据介绍，经过这些设施处理的尾水能达到《城镇污水处理厂污染排放标准》一级 A 标准，并且通过厂区大门外的一个瀑布景观排放到沙河涌中，成为沙河涌的补水水源。而污水处理过程中的废物在经过净化处理后将通过厂区中的钟楼进行运出。

十二、香港生活污水处理厂

沙田污水处理厂位于香港新界沙田区马料水水厂街 1 号,邻近沙田马场,是一所传统工艺污水处理厂,始建于 1982 年,面积约等于 30 座足球场大小,采用二级(生物)处理程序处理由沙田、马鞍山及大埔白石角地区排放的污水。第一期及第二期已完成,而第三期扩建工程亦于 2010 年年中完成,每日可处理 23 万 m³ 污水和 120t 污泥。

香港沙田污水处理厂鸟瞰图

一级处理细格栅:沙田污水处理厂有 8 台细格栅,可筛除污水中直径 6mm 或以上的大尺寸渣滓。

螺旋式运输带:用以收集格栅筛除出来的废物。

除砂:经格栅的污水会流入曝气沉砂池,沉淀后的砂砾会被抽到分砂机,污水再流往流量槽。

流量测量：沙田污水处理厂有8条特别设计的流量槽，利用超声波水位感应器准确计算入水流量，作为污水处理厂重要的运行指标。

初级沉淀池：污水继而进入初级沉淀池，大约50%悬浮固体废物会在此沉淀成为初级污泥。沙田污水处理厂共有21个初级沉淀池，每个池的尺寸为55m×13m×3m。水力停留时间约2h，较重的悬浮物会积聚在池底，较轻的则浮在水面，池内装设自动链刮系统，将沉底及浮面的污染物收集后做进一步处理。

二级（生物）处理：沙田污水处理厂采用Ａ／Ｏ活性污泥法，即使活性污泥悬浮于污水中，同时曝气，让活性污泥与污水中污染物与溶解氧充分接触，污泥中微生物利用污水中污染物作为营养生长繁殖，分解水中的污染物得以降解。

曝气池：沙田污水处理厂共有22个曝气池，单体尺寸为88m×13m×5m，有效容积5 720m³，分为前端的缺氧区（不用曝气，占28%全池面积）和之后的曝气区（占72%全池面积）两部分，缺氧区设有搅拌机，曝气区设有约2 000个空气扩散器（每天耗气量约4万~10万m³）、回流泵及管道，有机污染物最终分解为二氧化碳、水及氮气等。

曝气池池面

经初级沉淀的污水流入曝气池作生物处理，压缩空气经管道及扩散器输送到曝气区，为微生物提供生长所需的氧气。污水中的有机物在好氧环境下被好氧微生物氧化分解，同时硝化细菌进行硝化作用，将铵盐氧化为硝酸盐。富含硝酸盐的污水被回流到曝气池前端的缺氧区，进行反硝化作用，将硝酸盐和亚硝酸盐还原为无害的氮气，释放于空气中，污水中含氮污染物得以降解。最后沉淀混合液自曝气池出水，经配置有流量控制水闸的分水槽进入最后沉淀池。

最后沉淀池：沙田污水处理厂共有 24 个幅流式最后沉淀池（直径 27.5m）及 20 个平流式最后沉淀池（尺寸为 42m×12m×5m），利用物理沉淀或浮除原理，将污水中大部分活性污泥和悬浮物质清除，上层澄清的放流水经收集槽输往池侧的砖红色泵房作排放。沉淀池底的活性污泥会经由地下管道输往回流活性污泥泵房的水井，大部分会回流至曝气池，余下的称为剩余污泥，经浓缩后再送往消化缸处理。

最后沉淀池水面（左）及清洁出水（右）

消毒：经过二级处理的污水可清除污水中达 99% 的病菌，为了进一步减低病菌带来的风险，处理后的污水需再经消毒然后才排放到附近水体。沙田污水处理厂使用紫外光照射消毒技术，合乎经济效益而又符合环境标准。整项紫外光消毒工程已于 2009 年投入使用。

污水出水消毒处理

十三、深圳生活污水处理厂

深圳市目前有南山污水处理厂、平湖污水处理厂、福永污水处理厂、龙岗污水处理厂、盐田污水处理厂、滨河污水处理厂、埔地吓污水处理厂、鹅公岭污水处理厂、横岗污水处理厂等。其中南山污水处理厂为深圳市最大的污水处理厂，在广东省仅次于广州市猎德污水处理厂，目前已建成56万t的处理规模。

深圳南山污水处理厂鸟瞰图

南山污水处理厂成立于1989年,占地面积15.4hm²,处理深圳特区内皇岗路以西的污水,服务人口为121.68万。南山污水处理厂第一套污水处理系统,采用传统一级处理工艺,于1989年建成投产,日处理污水规模为5万t;二期工程于1997年建成投产,日处理污水总规模达到22万t,污水经一级处理后通过海洋放流管深海排放;三期工程于2000年12月建成投产,日处理污水总规模达到35.2万t,污水一级处理后通过海洋放流管深海排放。第二套系统2004年建成投产,采用MUCT(除磷脱氮)污水处理工艺,建设规模为38.0万t。

2015年南山污水处理厂采用较为先进的污水处理工艺,再生水系统(改扩建)工程项目再生水系统规模5万m³/d,再生水系统工程包括改造现有再生水系统和新建再生水系统规模为5万m³/d(土建规模10万m³/d)两部分,出水水质执行《深圳市再生水、雨水利用水质标准》,初步估算工程总投资约2.2605亿元。

污水进入处理的第一道工序粗格栅及提升泵房。在这一站随污水排放进来的塑料袋、纸张等大块固体物质被粗格栅打捞出来。下面左图中展示的是两个大型的粗格栅设备在工作,分离水中的大块悬浮固体物质。然后再进入第二道工序的细格栅,分离污水中较小的悬浮颗粒,以便于后续提升泵的提升及后续处理。

分离污水中悬浮固体垃圾的粗格栅(左)和细格栅(右)

进入污水厂的污水经粗格栅、细格栅分离悬浮污染物后，进入泵房被提升进配水井，分配进入曝气沉砂池，污水在这里被曝气充氧，提高污水中氧气含量，以便于后续的好氧微生物生长，降解水中的有机污染物。

曝气沉砂池

污水经好氧微生物降解后，随着微生物的不断繁殖和更新，产生大量的微生物，微生物经过生长，繁殖和衰亡会絮凝形成絮体，在沉淀池通过重力沉淀从水中分离出来，使水得到净化后从沉淀池的周边溢出，沉降下来的污泥通过刮泥机收集到沉淀池中部，进而被输送至污泥脱水工序脱水处理。

深圳市南山污水处理厂建成后极大地改善了周围水体环境，对治理水污染，保护当地流域水质和生态平衡具有十分重要的作用。

污水二次沉淀池

十四、佛山生活污水处理厂

2001 年 8 月正式启动了佛山市供水污水一体化经营的产业化改革，佛山水业集团成为佛山市区污水处理的建设主体、责任主体和运营主体。佛山水业集团现有 10 间已建成的污水处理厂，总污水处理能力达 88 万 m^3／d，服务区域覆盖佛山市禅城区、三水区、南海区、高明区，约占佛山市污水处理规模的 40%。10 个污水处理项目分别是：禅城区的镇安污水处理厂、东鄱污水处理厂、沙岗污水处理厂、城北污水处理厂，三水区的驿岗污水处理厂，南海区的大沥城南污水处理厂、西樵污水处理厂、南庄污水处理厂，高明区的杨和污水处理厂、中心城区第三污水处理厂。

镇安污水处理厂是佛山市禅城区的首座生活污水处理厂，位于佛山市禅城区祖庙街道镇安村东侧，规划建设规模为 35 万 m^3／d，占地约 24.5hm^3。工程分四期实施，主要收集禅城区东部、东南部片区及南海石啃片区约 32.86km^2 的城市污水，服务人口约 39 万。该厂现污水处理规模为 25 万 m^3／d，现已投入运营的一期、二期、三期工程污水处理量分别是一期为 10 万 m^3／d，二期为 10 万 m^3／d，三期为 5 万 m^3／d。一期、二期均采用"改造现有生物池＋化学除磷＋过滤"工艺，三期采用"化学除磷＋过滤"工艺。一期工程新增构筑物主要为提升泵池及纤维束滤池(含提升泵池、纤维束滤池、反冲洗清水池、反冲洗泵房、反冲洗鼓风机房、反冲洗废水池等)、一二期加药间及变配电房；二期工程新增主要构筑物为提升泵池及纤维束滤池(含提升泵池、纤维束滤池、反冲洗清水池、反冲洗泵房、反冲洗鼓风机房、反冲洗废水池等)；三期工程新增主要构筑物为提升泵池及纤维束滤池(含提升泵池、纤维束滤池、反冲洗清水池、反冲洗泵房、反冲洗鼓风机房、反冲洗废水池等)及加药间。此外，一期、二期工程除需对现有生物池进行改造外，还需对鼓风机、细格栅及曝气系统进行改造，三期工程需对细格栅进行改造，全厂除臭系统需改造。项目总投资：8 000 万元。佛山市镇安污水处理厂建成后极大地改善了周围水体环境，对治理水污染，保护当地流域水质和生态平衡具有十分重要的作用。

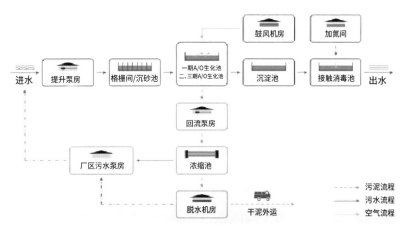

佛山镇安污水处理厂污水处理工艺流程图

东鄱污水处理厂位于佛山市禅城区塱沙路东鄱罗埠村北，规划建设规划为 30 万 m^3／d，占地 7.05hm^2。工程分三期实施，主要收集禅城区南北涌以北、九江基以南、永安路以西、季华三路以北约 31.8km^2 的城市生活污水，服务人口约 25 万。现已投入运营的一期、二期工程污水处理总规模达 20 万 m^3／d，采用 UNITANK 工艺。

佛山东鄱污水处理厂

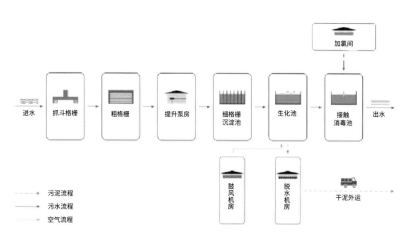

佛山东鄱污水处理厂污水处理工艺流程图

十五、珠海生活污水处理厂

珠海目前建有拱北水质净化厂、新青水质净化厂、南水水质净化厂、平沙水质净化厂、三灶水质净化厂、白藤水质净化厂、富山水质净化厂、前山水质净化厂，是珠海水务集团有限公司根据珠海市斗门区政府授权，以特许经营模式（BOT模式）投资建设、运行的城镇污水处理厂。

拱北水质净化厂位于珠海市拱北昌平路28号，总设计规模19万t/d，占地面积10.7万 m²，服务范围为拱北、前山区域和吉大部分区域。拱北水质净化厂分三期建设，一期、二期工程设计规模均为1.4万t/d，采用普通曝气活性污泥法处理工艺。一期工程始建于1985年，于1992年投入运行；二期工程于1998年投产；三期工程设计规模处理8万t/d，采用较为先进的圆形环流A-A-O处理工艺。项目于1999年7月正式开工，2002年9月建成并投入试运行，2003年4月正式投入生产。

运行中的拱北水质净化厂二沉池

由于拱北水质净化厂一期、二期工程工艺落后，设备老化，处理规模偏小，处理能力不能满足服务范围内污水处理的要求，排水公司申请对拱北水质净化厂一期、二期工程进行改造，2007年底拱北水质净化厂改扩建工程项目立项获批，该项目总设计规模为11万t/d，其中近期为5.5万t/d，采用改良A-A-O处理工艺。

富山水质净化厂厂区位于珠海市富山工业园区珠港大道22号，已建规模总投资近1.1亿元，占地5.59万m²，采用改良型氧化沟处理工艺，出厂尾水经沙龙涌排放至崖门水道水域。

富山水质净化厂污水管网收集范围为斗门镇、富山工业园三村片区和龙山片区，纳污服务范围面积约70km²。出水标准执行国家《城镇污水处理厂污染物排放标准》（GB18918—2002）一级B标准及广东省《水污染物排放限值》（DB44/26—2001）中的第二时段一级标准两者之严者。

厂内主要建构筑物包括粗格栅及提升泵房、细格栅、曝气沉砂池、水解池、改良型氧化沟、沉淀池、加氯加药间、接触消毒池、出水巴氏计量槽及进出水在线监控仪表间、污泥脱水机房、鼓风机房和高低压配电房，控制系统由中央监控计算机、工业以太网及各控制子站组成，实现对本厂实时监控。

前山水质净化厂地下水处理车间

前山水质净化厂是珠海首座全地埋式污水处理厂，位于前山造贝工人村路与金鸡路交叉口，占地面积约 9.8 万 m^2；一期工程占地约 4.5 万 m^2，投资约 5.4 亿元，可处理污水 10 万 t/d，由珠海水务集团承建。该水质净化厂是珠海前山河流域环境综合提升工程的重点项目之一，全一期工程的建成投运，前山河流域污水处理能力将提升至 39.5 万 t/d。"它将和已建及在建的配套污水管网泵站构成前山河流域的纳污减排系统，对完善前山河两岸截污纳管、提高雨污分流比例、改善前山河水环境质量有着重要意义。"前山水质净化厂采用当前国内较为先进的膜生物反应器 (MBR) 污水处理工艺（"膜"相当于筛子，筛孔只有 0.6 μm，水经过这"筛子"可拦截下大量污染物），出厂水质优于国家《城镇污水处理厂污染物排放标准》的一级 A 标准，以及广东省《水污染物排放限值》

的二时段较严标准。这两项标准分别是国标和省标中的高标准。在该厂进出水口看到，黑臭的前山片区生活污水经过多级处理后已变得十分清澈，且无任何气味。取出来的水样经目测跟自来水无任何两样。

作为全地埋式污水处理厂，前山水质净化厂厂房构筑物采用全地下布置和组团布局，地下设施深处达19m。据介绍，厂房建成后，地面部分将建设成为海绵城市花园，通过实景、模型、光电等方式向市民展示海绵城市建设的原理和效果，这不仅可以避免传统污水处理项目对周边环境的不利影响，还能对周边环境起到美化提升的作用。全地埋式厂房建设节约用地，也更加环保。

前山水质净化厂地面海绵城市花园

PART 6

关注土壤安全

一、大湾区的主要土壤类型和特点

土壤的颜色是多种多样的。我们古代在帝王封禅、诸侯立社时，都有使用五色土的传统，即使用青、红、黄、白、黑五种颜色的纯天然土壤。土壤类型不同，其中的化学成分和性质有差异，因而显示出不同的颜色。

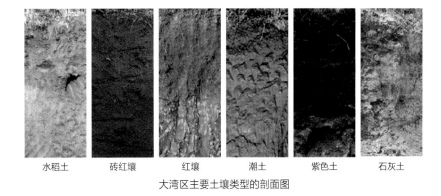

| 水稻土 | 砖红壤 | 红壤 | 潮土 | 紫色土 | 石灰土 |

大湾区主要土壤类型的剖面图

大湾区的土壤也有不同类型。根据系统分类，主要土壤类型有水稻土、赤红壤和红壤，其他类型土壤如石灰土、紫色土、潮土等也有少量分布。

水稻土是我国重要的耕作土壤之一，也是粤港澳大湾区内分布最广的土壤类型。这类土壤是在长期淹水种稻条件下，

五颜六色的土壤

受到人为活动和自然成土因素的双重作用形成的，以水耕熟化和氧化与还原交替为主要特征，通常能在土壤的深层看到氧化铁形成的锈斑、锈线。

赤红壤、红壤同属于红壤系列，在粤港澳大湾区内分布仅次于水稻

土。由于南方亚热带的湿热气候影响，区域内降雨较多且呈酸性，土壤中的多种金属元素易被淋溶，土壤中的铁、铝等氧化物积累而明显呈现红色。红壤是我国南方常见的土壤类型之一，其酸性、富铁等性质使得营养元素、污染物的积累和转化等过程具有其独特性。

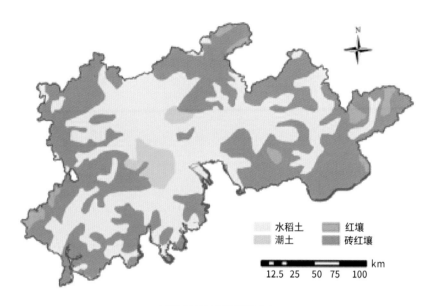

图例：水稻土　红壤　潮土　砖红壤

12.5 25 50 75 100 km

大湾区主要土壤类型及分布

二、大湾区土壤环境质量现状

大湾区位于温暖湿润的亚热带气候带，拥有大片平原，是重要的农业生产地区。同时，大湾区也是我国人口集聚最多、综合实力最强的城市群所在地，是我国重要的经济发展区域。在人口、经济、城市发展各方面需求下，土壤环境质量与生产、生活安全都承受着巨大的压力。

《全国土壤污染状况调查公报》显示，粤港澳大湾区（珠江三角洲）

是土壤污染问题较为突出的区域之一。研究发现，镉、铅超标在大湾区农田和自然土壤中均有发现。由于废物在土壤中过量沉积，农田重金属污染的情况较为严重。工业和汽车尾气也是污染的主要来源。

农业土壤重金属超标

长期过量农药的使用也导致了土壤中滴滴涕（双对氯苯基三氯乙烷）、六六六（六氯环己烷）等有机氯农药的污染严重，其中水稻田中以滴滴涕的含量更高，蔬菜、香蕉、蔗等种植区则以六六六污染更为严重。尽管自1983年起我国已禁止使用六六六，但实际上以林丹（γ-六氯环己烷）为代表的六六六类农药仍有可能被继续使用。

此外，研究人员还在菜田土壤中监测到多种抗生素成分，如喹诺酮、四环素、磺胺甲恶唑等。与养殖场相邻的菜地里，这些抗生素的含量最高。一些土壤样本里的抗生素含量有可能已超过了国际协调委员会（ICH）给出的生态安全值。为了降低对水资源的需求，一些地区采用市政污水或养殖废水来灌溉农田，我们在日常生活和养殖生产中使用的抗生素通过污水灌溉，成为土壤中抗生素污染的主要来源之一。

污灌造成土壤污染

三、大湾区土壤的长寿元素：硒

硒，化学符号为 Se，是人类和动物必需的重要元素。硒在人体免疫力、抗氧化、防癌和心脏健康等方面有重要作用，被称为"长寿元素"。一般说来，高硒地区心脏病的死亡率明显低于低硒地区；在高硒地区，几种类型癌症（如肺癌、肝癌等）的死亡率明显低于低硒地区，癌症病人血液中的硒含量往往较其他人群要低。

硒：长寿元素

人体对微量营养元素的摄入主要来自于食物，而食物中的营养元素往往来自于土壤。因此，当土壤中的硒含量过低时，会导致当地居民缺硒，产生特定的地方性缺硒病。如克山病就是由于缺硒引起的地方性心肌病。在我国东北—西南走向的湿润半湿润山地丘陵区，土壤水溶态硒含量低下，导致粮食中硒的含量低，当地居民摄入的硒不足，通过口服补充一定的硒，可以有效防止克山病的发生。

由于地质原因和气候因素，世界各地土壤中的硒含量各有差异。据调查，世界土壤硒含量一般为 0.1～2.0 mg/kg，平均为 0.2 mg/kg。我国表层土壤中的含硒量为 0.003～9.438 mg/kg，平均 0.246 mg/kg。我国湖北省的恩施土家族苗族自治州是世界著名的"硒都"，土壤中含丰富的硒矿资源。位于广东省境内的曲江大宝山矿区和佛岗青云山，也是我国重要的大型硒矿。

粤港澳大湾区内富硒土壤资源丰富，主要分布在江门、肇庆、佛山、惠州等市的丘陵区，共 35 830 km²，占全区面积的 64%。其中，以江门市的面积最大，达 4 038 km²，耕植土壤中硒的含量高达 2.2 mg/kg，远高于我国表层土壤硒含量的平均值。充分利用这一珍贵的富硒土壤资源，培育粤港澳大湾区富硒产品，对于提高大湾区内外居民的健康水平具有重要的意义。

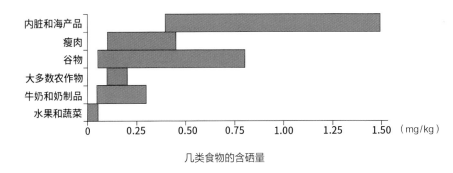

几类食物的含硒量

值得注意的是，硒虽然是人体必需元素，但过量的硒对人和动物同样是有毒的。因此，对硒的摄入应控制在一定范围内，不宜过量。根据美国农业部的推荐，人体应每天摄入 0.1 ～ 0.2 mg 硒。一般情况下，我们可通过富硒食物摄入身体需要的硒。海产品、动物内脏、谷物粗粮等都是常见的富硒食物。

四、土壤中的污染来源和污染过程

土壤污染是指人类活动引起的土壤当中有害物质过多的现象。当污染物进入土壤并积累到一定程度，超过了土壤的自净能力，将引起土壤的组成和结构发生变化，造成土壤质量恶化。

土壤中的污染主要来自于：①污水灌溉，由于人类活动对水资源的巨大需求，许多地区（尤其在缺水地区）采用未经完全净化的生活污水或工业废水对农田进行灌溉，使得污水和废水携带大量污染物进入土壤。②农药和化肥，农药、化肥的不合理、超量使用，导致大量剩余农药残留在土壤中，造成土壤质量下降。③固体废物的填埋堆放，固体废物中的污染物直接进入土壤或其渗出液进入土壤。④大气沉降物，废气中含有的污染物质，特别是颗粒物，在重力作用下沉降到地面进入土壤。⑤矿冶活动，矿山开采与矿产冶炼几乎没有例外地给周围环境和土壤带来不同程度的影响。

污水和废气影响土壤质量

土壤污染防治需各行业配合

受污染的土壤中微生物活动受到抑制，对污染物的分解和转化能力变弱。不能被继续分解的有害物质或其分解产物在土壤中逐渐积累，一部分被土壤颗粒吸附，迁移或扩散速度较慢。一部分随着地下径流逐渐扩散至地下水，造成地下水的污染。另一部分则通过"土壤→植物→人体"或"土壤→水→人体"间接被人体吸收。土壤污染将导致农作物减产和农产品质量降低、农作物中某些指标超过国家标准、地下水和地表水污染、大气环境质量降低，最终危害人体健康。

五、土壤的自净作用

土壤是一个复杂的物质体系，包含了矿物质、有机质、空气、水、微生物、植物根系、原生动物等多种组成成分。当外来物质进入土壤时，土壤体系通过各种作用尽量保持自身性质的稳定，这一过程被称为土壤的自净作用。经过一系列的物理、化学及生物反应过程，进入土壤的污染物可能得到浓度的降低、形态的改变、毒性的降低甚至消除。土壤自净作用可以分为物理自净、化学自净和生物自净。

土壤是一个复杂的物质体系

物理自净通常指污染物挥发和扩散。由于土壤中的阻力相对较大，污染物难以依赖自身的机械流动达到快速地扩散和有效稀释，因而其物理自净过程往往较慢。在通风较好、水流丰富的土壤中，物理自净作用相对明显。易挥发的有机农药（如曾风靡一时的六六六等），主要靠挥发作用散失。

化学自净是指污染物进入土壤后，发生凝聚与沉淀反应、氧化还原反应、络合－螯合反应、酸碱中和反应、水解、分解化合等化学反应，使污染物得到分解或改变形态，降低其对植物和动物的毒性。

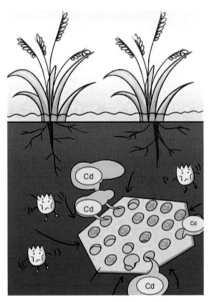

污染物超过土壤自净能力造成危害

生物自净是土壤自净作用的重要部分。生活在土壤里的各种微生物

（包括细菌、真菌、放线菌等）、土壤动物（如蚯蚓、线虫等）、植物根系等，能吸收和转化土壤中的无机元素，利用对有机物的分解获得自身生长需要的能量。这些生物过程将同样影响和改变进入土壤中的其他元素和有机物。

由于土壤具有自净作用，所以土壤能够承受一定量的外来物质。但土壤的净化速度比较缓慢，净化能力也有限，当进入土壤的有害物质超过土壤能承受的能力时，就会破坏土壤本身的自然生态平衡，从而导致土壤正常功能失调，土壤质量下降。

六、 土壤退化与生态恢复

土壤被称为"地球的皮肤"，不仅因为它位于陆地的最表层，也因为它之于地球的重要功能。土壤与其他环境因素交互，具有较强的容纳力，因而在水分、养分、元素等各类重要物质的循环中起着重要的缓冲和调节作用。土壤固定植物根系，并为植物生长提供自然肥力，具有重要的物质生产的功能。土壤也为微生物、动物提供适宜的栖息地。除了为人类提供重要的居住、休闲等场所外，土壤中的黏土、矿物等也为人类的生产发展提供了大量的原材料。土壤承载着人类的文化和文明，因而被亲切地称为"大地母亲"。

然而，根据联合国发布的《世界土壤资源状况》（2015 年），世界范围内的土壤功能普遍面临土壤侵蚀、土壤有机质丧失、养分不平衡、土壤酸化、土壤污染、水涝、土壤板结、地表硬化、土壤盐渍化和土壤生物多样性丧失等十大威胁。粤港澳大湾区的典型土壤类型红壤也同样面临着土壤侵蚀、潜育化（因长期浸水导致缺乏氧气）、肥力下降、酸化和污染等退化问题。在人口和发展的压力下，土壤的生产功能不堪重负，人们使用过量化肥以填补土壤养分的缺失，导致土壤元素不平衡，破坏了土壤的调节能力，危害土壤健康，导致土壤的功能退化。

过量化肥使用导致土壤退化

位于大湾区附近的大宝山矿区退化土壤生态恢复实例

古人云："皮之不存，毛将焉附？"土壤功能退化势必导致人类自身发展受损。为恢复已退化土壤的功能，需从防止物质和养分流失、恢复土壤功能过程和治理土壤污染等几大方面进行。作为一种综合性的修复手段，生态恢复在对土壤进行理化调节的基础上，主要借助微生物修复和植物修复，结合一定的农业措施和结构调整，通过模仿自然生态系统，启动和加快土壤功能的主动恢复过程，是退化土壤修复的主要手段之一。

七、农业土壤污染与风险控制

　　为规范土壤质量的管理和污染土壤的治理，我国于 1995 年首次发布了《土壤环境质量标准》（GB 15618—1995），通过对土壤中基本项目（包括镉、汞、砷、铅等重金属和六六六、滴滴涕等有机污染物）的监测，划分土壤环境质量类别，以评价土壤环境质量能否满足其土地用途的要求。自 2018 年 8 月 1 日起，农用地土壤环境质量执行的标准更新为《土壤环境质量 农用地土壤污染风险管控标准（试行）》（GB 15618—2018）。新标准在沿用原土壤环境质量类别划分的基础上，将农用地划分为优先保护类、安全利用类和严格管控类，强调对土壤中污染物的含量进行风险评价。

　　根据 2014 年环境保护部联合国土资源部公布的《全国土壤污染状况调查公报》，在已调查的耕地中有 19.4% 超过环境质量标准，其中 13.7% 属于轻微污染。在城市发展的压力下，耕地面积日趋紧张，因而如何对污染

农田土壤治理三大手段

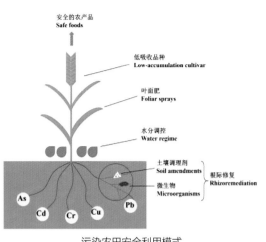

污染农田安全利用模式

土壤进行修复和安全使用显得尤为重要。

一方面，受污染土壤可以通过物理、化学、生物等手段进行治理和修复。物理手段通过深层翻土、换土等方法将污染土壤与生态系统隔离，或通过热处理将易挥发的重金属（如汞、砷等）和有机物从土壤中挥发或分解。化学手段则通过向土壤中添加吸附剂、固定剂、催化剂、淋洗剂等对土壤中的污染物进行固定、解毒或去除。生物手段主要利用特定的微生物、根系调节物、功能植物等对污染物进行降解、吸收、转化或固定。在实际修复过程中，通常采用几种方法的综合使用，以有效地降低土壤中的污染物含量、毒性或有效性。

另一方面，轻污土壤根据新标准被划分为有风险但仍可作为农用地使用，此时应采取农艺调控、替代种植等安全利用措施，同时监测其上生产的食用农产品的质量是否符合安全标准。由于土壤类型的多样化，结合当地的气候和水文因素，污染物在不同地区的不同土壤中的实际迁移转化、毒性和有效性各有差异。不同植物对污染物的吸收效率也有所差异。在有风险的轻微污染农田上进行作物种植时，选用对污染不敏感、不富集的农作物，同时对农产品的质量进行监测，在保证农产品环境质量安全的前提下，继续让农业用地创造经济价值。

八、重金属污染土壤的植物修复

植物对土壤中各物质的转化起着重要的调节作用，利用植物对污染土壤进行修复可同时达到污染治理和生态恢复的双重效果。利用植物吸收、挥发、根滤、降解、稳定等作用转移、容纳或转化重金属，是矿山的复垦、重金属污染场地修复最常用的修复手段之一。植物修复具有成本低、无二次污染、美化环境等优点，对于废弃矿山等生态破坏严重的地区，植物形成后还能保护表土、减少侵蚀、防止水土流失，有助于持续稳定的生态恢复。根据植物对污染物的作用机理，可细分为植物提取、植物挥发、植物降解、植物过滤、植物固定、植物促进等几类。

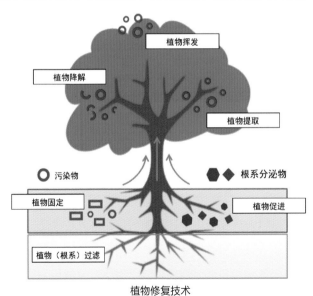

植物修复技术

一些植物对于土壤中的某类污染物具有超强的吸收能力，并且不受高浓度污染物的毒害，这类植物被称为超富集植物。植物提取即利用超富集植物在高污染土壤中的生长能力及其对污染物的吸收能力。例如"吃砷"植物蜈蚣草，能在砷浓度高达 1.5g／kg 的严重污染土壤中正常生长，

香雪球——富集镍　　蜈蚣草——富集砷　　油菜——富集镉

土荆芥——富集铅　　东南景天——富集锌　　鸭跖草——富集铜

用于植物提取的超富集植物

同时蜈蚣草还可将砷吸收并将其积累到植株的地上部分，植株地上部分的砷含量可达 22g／kg，比土壤中砷的浓度高 10 倍以上。通过将蜈蚣草种植在砷污染的土壤上，让它把土壤中的砷吸收和富集到地上部分，再将地上部分收割，进而高效地清除土壤中的砷。

　　植物提取是目前研究与应用最广泛的植物修复技术之一。此外，污染物被植物吸收后也可随着植物的蒸腾作用将污染物挥发至大气中，或随着植物自身的新陈代谢被分解成小分子物质，分别称为植物挥发和植物降解。经植物吸收后，流经根系的地下水中的污染物浓度得到降低，称为植物（根系）过滤。土壤中的污染物也可能受到植物根系分泌物的影响，在环境中的迁移性和有效性降低，或被微生物的降解、转化过程得到促进，分别被称为植物固定和植物促进。

　　此外，为提高植物修复技术的效率，经常往土壤中加入一些可提高或降低污染物活性的物质（修复剂），或配合一定的土壤改良手段，以强化植物修复的效果。植物修复与修复剂的联合修复技术是目前修复农田污染土壤的生力军。

九、生态农业与绿色食品

在现代农业生产中，人们为提高土地生产力使用了过量的化肥和农药，在提供丰富的物质产品的同时，也造成了严重的土壤退化和生态危机。生态农业作为一种新的农业生产模式应运而生，在"生产"的同时注重"生态"与"生活"。

生态农业循环模式

旨在保护、改善农业生产环境，生态农业顺应生态学和生态经济学的规律，在传统农业的经验之上，通过构建农业生态经济复合体，提高对自然资源的利用率，以获得生产发展、能源循环利用、生态环境保护、经济效益等相统一的综合性效果。

生态农业没有固定的标准，以综合性、高效性、持续性为主要特点，主要有循环化、减量化、资源化等几大技术模式。在生态农业中，通过将不同的农业生产环节连接起来，达到对物质的循环利用和能量的高效使用。如以沼气为纽带，将养殖场畜禽排泄物、农田废弃秸秆、生活污水等收集并处理，产生沼气作为燃料、沼液和沼渣作为有机肥，将养殖、耕种和生活环节连接起来，形成循环的格局。基于对物质和能量的充分利用，在生态农业中对水、肥、农药、饲料、添加剂等的使用也得到大幅减少。在对农业废物资源化利用之余，许多生态农业还开发为生态产业园，供游客娱乐休闲。例如，佛山西樵的万亩桑基鱼塘，形成了"塘基种桑、桑叶喂蚕、蚕沙喂鱼、鱼粪肥塘、塘泥壅桑"的良好生态农业循环模式，并与西樵山相映成趣，为游客增添了旅游休闲的新去处。

佛山桑基鱼塘与西樵山

与生态农业同样广受关注的是"绿色食品""有机食品"等食品类别标签。这些食品通常在生态良好的农业系统中生产，但不是所有生态农业生产出来的食品都能达到"绿色食品""有机食品"的认证标准。

如生产过程达到技术和卫生标准，且食品中的有害物质达到无公害食品标准，可认证为"无公害食品"。

"绿色食品"的标准相对较高，A 级"绿色食品"对生产过程中使用的农药、化肥、激素等有规定的限

有机食品、绿色食品和无公害食物

额，AA 级"绿色食品"则要求生产过程中无使用化学合成物质。"有机食品"的要求最为严格，不仅要求生产加工过程中禁止使用人工合成物质和基因工程技术，且往往要求有规定的产地和产量。

十、城市"棕地"的治理与再开发

"棕地"，通常指被遗弃的、闲置的或者未充分利用的商业或工业用地。随着城市的扩张，原建设在城市郊区的一些易造成污染、影响居民生活和健康的企业，其所在地被纳入到城市的中心区，这些企业被迫迁移至城市外围，原企业用地则被遗弃或闲置，形成城市"棕地"。

"棕地"的使用取决于之前使用该土地的企业类型，"棕地"土壤中遗留不同的有害固体物质和化学物质，需经治理后达到一定环境标准的要求方可再开发。修复后的"棕地"不能用于农业生产，多用于工业景观用地、住宅用地、商服用地、公共用地等。在过去十余年间，我国实施了超过 150 项有统计的棕地治理项目，对土壤中的重金属和有机污染物进行了有效处理，保证了土地再开发利用时的安全性。

粤港澳大湾区内存在大量的废弃荒地、废弃厂房以及有待升级改造

的工业区，合理安全地对城市"棕地"进行再利用为解决城市用地紧张提供了一条可行的途径。对于污染较轻的地块，可经简单处理和改造后作为景观用地。如位于中山市的岐江公园，就是在原粤中造船厂的旧址上改建而成，已于 2001 年向市民开放。

中山岐江公园

对于污染较重的地块，尤其经治理后用于商服或住宅用地的，则需要进行严格的治理和监管。如备受关注的广钢新城项目，是广州中心六区内规划最大的旧改项目之一，也是城市"棕地"治理再开发的典型案例。

广州钢铁厂（以下简称广钢）于 2011 年关停搬出市区，空出 1.68km^2 土地。2013 年 12 月，广钢委托广东省生态环境和土壤研究所编制《广钢集团白鹤洞地块（北区）土壤状况调查及修复方案》，确定了待修复的污染土壤范围及其受重金属、多环芳烃等有害物质污染的具体情况。2015 年 5 月，广州市环保局批复《广钢集团白鹤洞污染土壤修复技术方案》，之后通过招标确定由北京建工环境修复股份有限公司负责对该地块进行修复。修复主要采用"原地异位"的方式进行，即将受污染的土壤清挖、搬运至充气膜大棚内，再通过热处理和土壤淋洗相结合的方法对其进行集中修复。历时 443 天，花费 4.4 亿元，该区块土壤已符合相关环保要求，于 2016 年 11 月通过环保验收。如今，广钢地块高楼林立，新城崛起。得到有效环境修复和管理的"棕地"不再是"毒地"，它以崭新的面貌为城市发展提供良好的土地资源。

广钢中央公园效果图

PART 7

生物多样性

一、红树林滋养种类繁多的生物

红树林生态系统是由生长在热带海岸泥滩上的红树科植物与其周围环境共同构成的生态功能统一体，一般包括红树林、滩涂和基围鱼塘三部分。

在红树林生态系统中，主要植物种为红树、红茄莓等。它们具有呼吸根或支柱根；当果实还在树上时种子即可在其中萌芽成小苗，然后再脱离母株。中国福建、台湾、广东、广西部分沿海滩涂地区均有分布。红树植物的根系十分发达，盘根错节屹立于滩涂之中。红树林对海浪和潮汐的冲击有着很强的适应能力，可以护堤固滩、防风浪冲击、保护农田、降低盐害侵袭，对保护海岸起着重要的作用，为内陆的天

红树林植物的呼吸根

然屏障，有"海岸卫士"之称。由于红树林具有热带、亚热带河口地区湿地生态系统的典型特征以及特殊的咸淡水交叠的生态环境，为众多的鱼、虾、蟹、水禽和候鸟提供了栖息和觅食的场所。因此，红树林蕴藏着丰富的生物资源和多样的物种，是生物的理想家园。

在珠江入海口的西侧、伶仃洋的北边的淇澳岛上，有全国面积最大的人工种植成片红树林，这块闻名遐迩的"世外桃源"，多年来都是珠海、中山、澳门等周边市民踏青观鸟的好去处。碧波荡漾、绿树成荫，万鹭在湿地林区上空翱翔，市民既可以沿红树林堤岸绿道骑行，也可从栈道进入红树林湿地深入看万鹭齐飞。红树林素有海岸卫士之称，珠海近年

多次遭遇台风袭击，情侣路沿岸堤岸屡遭破坏，但淇澳红树林湿地堤岸此前虽然是土路，却很少有较大损坏，由此可见，红树林的护卫作用非常明显。

红树林是最具特色的湿地生态系统，兼具陆地生态和海洋生态特性。其特殊的环境和生物特色使得红树林成为自然的生态研究中心，对科普教育、发展生态旅游业也有积极作用。

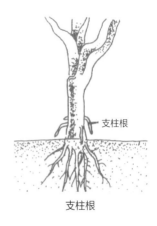

支柱根

支柱根

红树林

二、大湾区水鸟生态廊道建设

粤港澳大湾区内有水鸟127种，隶属于7目17科，其中包括黑脸琵鹭在内的国家级重点保护物种11种，占总数的8.67%。但是，由于城市化迅速推进导致滨海湿地大量衰退和萎缩，滨海湿地和水鸟资源的保护与修复已迫在眉睫。

大湾区水鸟

　　为实现对于滨海湿地的保护，广东拟建成粤港澳大湾区水鸟生态廊道，营造高质量的生态环境，提升大湾区城市群品质。并且至2025年，实现大湾区珍稀野生水鸟的种群数量增长，分布范围扩大，水鸟生境显著改善的总体目标。

　　粤港澳大湾区水鸟生态廊道建设分三级，一级廊道为主干廊道，以沿海滩涂及河流入海口为主；二级廊道为支干廊道，以直接入海的河流及其滩涂为主；三级廊道为次支廊道，以主要河流的支流及其滩涂为主。

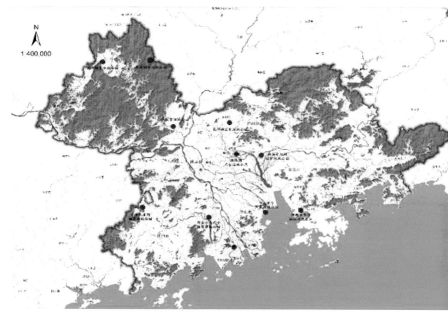

粤港澳大湾区国家级湿地公园分布图（绿色部分）

在粤港澳大湾区水鸟生态廊道空间布局设计上，该规划讨论稿提出构建"3S廊道体系"，"3S"即分别为源 (Source)——主要为水鸟的聚集地，踏脚石 (Stepstone)——为"源"与"目标地"之间由一连串小型斑块组成的踏脚石系统，目标地 (Sink)——主要为城市内具有重要意义的湿地公园或湿地类型保护地。

三、一级保护动物黑脸琵鹭

黑脸琵鹭，又名小琵鹭、黑面鹭。因其扁平如汤匙状的长嘴，与中国乐器中的琵琶极为相似，因而得名；黑脸琵鹭是全球濒危物种类别之一。黑脸琵鹭只活跃于东亚及东南亚地区。仅见于亚洲东部，其特征是全身羽毛大体上为白色，有黑嘴和黑色腿、脚，前额、眼线、眼周至嘴基的裸皮黑色，形成鲜明的"黑脸"。

黑脸琵鹭

习性：常单独或呈小群在海边潮间地带及红树林和内陆水域岸边浅水处活动。性沉着机警，人难于接近。一般栖息于内陆湖泊、水塘、水稻田以及沿海岛屿和海滨沼泽地带等湿地环境。它们喜欢群居，每群为三四只到十几只不等，更多的时候是与大白鹭、小白鹭等涉禽混杂在一起。它们的性情比较安静，常常悠闲地在海边潮间带、红树林以及咸淡水交汇的基围及滩涂上觅食，中午前后栖息在虾塘的土堤上或稀疏的红树林中。飞行时姿态优美而平缓，颈部和腿部伸直，有节奏地缓慢拍打着翅膀。并且它们的性情温顺，不太好斗，从不主动攻击其他鸟类。

食性：主要以小鱼、虾、蟹、昆虫、昆虫幼虫以及软体动物和甲壳类动物为食。单独或成小群觅食。觅食活动主要在白天，多在水边浅水处觅食。觅食的方法通常是用小铲子一样的长喙插进水中，半张着嘴，在浅水中一边涉水前进一边左右晃动头部扫荡，捕到后就把长喙提到水面上，将食物吞吃。

黑脸琵鹭在觅食

黑脸琵鹭分布区域极为狭窄，种群数量也极为稀少，是全球最濒危的鸟类之一，已被列入 ICBP 世界濒危鸟类红皮书，中国亦于 1989 年列入国家重点保护野生动物二类保护动物名录。

在 2018 年新规划的大湾区水鸟生态廊道将以黑脸琵鹭为主，打通湾区沿海水鸟走廊，为黑脸琵鹭等水鸟构筑一个适宜生存和繁衍的好家园。

四、保护珠江口中华白海豚

中华白海豚，属于鲸类的海豚科，是宽吻海豚及虎鲸的近亲。很多市民及渔民均以为中华白海豚是一种鱼类脊椎动物，其实它们和其他鲸鱼及海豚都是哺乳类动物，和人类一样恒温，用肺部呼吸、怀胎产子及用乳汁哺育幼儿。

珠江口水域水温适合、环境优美，适宜中华白海豚的生存繁衍。这里丰富的生物资源给多种鱼类生物提供了天然的产卵和繁育环境。根据南海水产研究所有关珠江口的渔业资料显示，在一项周年调查中就鉴定了 154 种鱼类，1993 年的海岛海域渔业资源调查显示，珠江口水域出现的枪乌贼类有 15 种，甲壳类有 30 余种。大铲岛以南万山群岛以北一带水域中游泳生物资源蕴藏量可达 1 万吨以上，为中华白海豚的栖息繁衍提供了充足丰富的食物。

中华白海豚

在珠江口现存有中国资源数量最大的中华白海豚群体，种群世代比较完整，是中国数量最大的中华白海豚栖息地。珠江口中华白海豚自然保护区管理基地设在珠海市的淇澳岛，基地建设将集保护、研究、救护、驯养、科普、宣教、观赏和生态旅游等功能于一体。其职责和任务是贯彻执行相关法律法规和方针政策，统一管理自然保护区；调查自然资源并建立档案，保护自然保护区内的自然环境和自然资源；组织或协助有关部门开展自然保护区的科学研究工作；进行自然保护的宣传教育。

中华白海豚自然保护区布置示意图

五、大湾区特色自然保护区

大湾区有很多自然保护区，它们所保护的对象各有不同。对于当地的珍稀动物、生态环境、自然遗迹而言，自然保护区就是它们的庇护所。以下列举几个实例。

1. 候鸟天堂

米埔自然保护区位于香港，1984年建立，它是香港最重要的自然保护区。保护区面积为380 hm^2，其中红树林面积达300 hm^2，主要保护对象为红树林资源、珍稀动植物资源。

每年有200万~300万头鸥、鸭、鹭等水鸟从华北、蒙古及西伯利亚的繁殖地飞往东南亚及澳大拉西亚的越冬地。在整个迁徙过程中它们需要中途有适宜的停栖地，以便于觅食和休息，为余下的长途迁徙做好充分的准备。米埔及后海湾内湾一带的湿地便是鸟群重要的补给站。每当春天或秋天来临，候鸟便会开始迁徙。在冬季，多达6万只雀鸟在这些湿地过冬，等到春季来临，气候回暖再返回北面的繁殖地，而米埔自然保护区成为了它们最理想的栖息地之一。

米埔自然保护区里的寒带森林豆雁

米埔自然保护区有大量的罕见物种，记录的鸟类品种超过300种，是当之无愧的候鸟天堂。

2. 物种宝库

鼎湖山国家级自然保护区位于广东省肇庆市鼎湖区，成立于1956年，是中国第一个自然保护区。保护区主要保护对象为南亚热带地带性森林植被。

保护区内有高等植物2 500多种，约占广东省植物总数的四分之一；还有23种国家重点保护野生植物，其中有与恐龙同时代、被称为活化石的古老孑遗植物桫椤，材质坚硬耐腐蚀的格木等。

鼎湖山野生动物种类丰富，有鸟类 214 种、兽类 38 种、爬行两栖类 75 种；已鉴定的昆虫 980 种，其中蝴蝶类 117 种、白蚁 15 种；更有苏门羚、穿山甲和小灵猫等国家保护动物 32 种。

保护区物种数量极其丰富，是整个华南地区生物种类最多的地区之一，被称为"物种宝库"和"基因储存库"。

保护区著名景观"九龙宝鼎"

3. 生态屏障

象头山国家级自然保护区位于广东省惠州市，成立于 1998 年 12 月，属森林生态类型的自然保护区，主要保护对象为南亚热带常绿阔叶林和野生动植物。

保护区内有半枫荷、黑桫椤等众多珍稀濒危物种，此外，保护区也是华南地区特有物种的集中分布区，有 360 余种华南地区的特有植物。

象头山国家级自然保护区景观照

自然保护区共有陆生脊椎野生动物 305 种，野生动物种类繁多，其中共有 34 种国家重点保护动物，占广东省国家重点保护物种 115 种的 29.57%。在这里，不仅有云豹、蟒蛇这些国家一级保护动物，还有虎纹蛙、三线闭壳龟等 32 种国家二级保护动物。

象头山国家级自然保护区有着比较完整的森林植被，是全世界生物多样性保护的核心，又是广东省东江上游多条支流的发源地，东江担任着深圳、东莞等重要城市的供水任务，所以保护象头山森林植被，对保护东江水量和水质起着极为重要的作用，是大湾区一道重要的生态屏障。

六、长隆野生动物园中的保护级动物

在动物园中将动物保护起来，也是一种保护生物多样性的现实手段。长隆旅游度假区，地处广州市番禺区。被誉为"中国最具国际水准的野生动物园"，是全世界动物种群最多、最大的野生动物主题公园。在长隆野生动物园里，有 50 只澳大利亚国宝考拉、10 只中国国宝大熊猫，还有马来西亚国宝黄猩猩、泰国国宝亚洲象等珍贵的动物。

长隆野生动物园的熊猫三胞胎

长隆野生动物园有着华南地区最大的濒危野生动物保护和保存基地——华南珍稀野生动物物种保护中心。目前，该中心已成功繁殖了有鸟类活化石之称的巨嘴鸟 10 多只，还繁殖了国家级珍稀一类保护动物：合趾猿 2 只、朱鹮 10 只、各类狒猴 50 多只，无论是保护的数量和种类都堪称中国之最，成为当之无愧的中国最具成效的濒危野生动物保护中心。

小熊猫

七、环境污染对生物多样性的影响

环境污染是指由于人为的原因，环境受到有害物质的污染从而危害人类和其他生物的正常生存的情况。

水体被污染

环境污染导致我们与生物所生存的自然环境遭到破坏，动物和植物受到危害，使数量急剧减少，甚至灭绝，从而导致生物多样性的减少。生物多样性是全人类共有的财富，它为人类的生存与发展提供了丰富的食物、药物等生活中必不可少的原材料。减少环境污染，进而保护生物多样性，其实也是在保护我们人类自己。

因环境污染而死亡的海洋生物

近几年大湾区在加强环境保护和治理方面狠下功夫，整治珠江东西两岸污染、加强海洋资源环境保护、实施严格的清洁航运政策、防控农业面源污染、保障农产品质量和人居环境安全、建立环境污染"黑名单"制度等。而环境污染的问题，不仅需要政府出力，我们每个人也应当付出行动，让我们携手一起，为环境污染的治理与防护做出自己的贡献。

八、大湾区产业结构调整与生态环境的关系

大湾区要建设富有活力和国际竞争力的一流湾区和世界级城市群，打造高质量发展的典范。高质量发展的前提是要绿色发展，而富有国际竞争力的一流湾区在生态环境上也须达到一流的水平。但是直到 2019 年，大湾区珠三角 9 市有 15 个黑臭水体仍在治理中，废水未达标就排放到河流中，破坏水体的生态环境。

图为向河流排放废水

为治理水体环境，深圳市龙岗区提出计划投资约 176 亿元，围绕龙岗河、深圳河、观澜河三大流域开展新一轮治理。治理虽是不可缺少的，但是相对于治理而言，调整产业结构，减少污染的产生，从源头上减少治理的压力才是保护生态环境，提高自然环境中动植物的生存质量最高效的方法。

要做到产业向环保绿色方向转型，需要加快制造业绿色改造升级、推进传统制造业绿色改造、开发绿色产品，打造绿色供应链，引导企业清洁生产；其次要培育壮大新能源、节能环保、新能源汽车等产业；发展特色金融产业，支持香港打造大湾区绿色金融中心，建设绿色债券认证机构；支持广州建设绿色金融改革创新试验区，研究设立以碳排放为首个品种的创新型期货交易所；支持澳门发展租赁等特色金融业务，探索与邻近地区错位发展，研究在澳门建立以人民币计价结算的证券市场、绿色金融平台、中葡金融服务平台。

　　深圳市政府用大量的人力物力去推动产业转型，其目的就是为了减少污染的产生，社会工业生产污染减少了，生态改善了，生活环境自然就好了。到时候，赏最蓝的天，看最清的水便不是梦想。

深圳的城市森林

九、保护生物多样性我能做什么

　　保护生物的多样性，是一项十分艰巨和复杂的工作，需要社会各界人士积极参与。然而，如何参与保护生物多样性？对于绝大多数人来说都是非常陌生的。其实，从小事做起，你就可以为保护物种多样性、保护我们的大自然贡献自己的一份力量。

　　保护动植物，不购买或食用

受保护的野生动植物制品，并劝告有类似行为的家长和亲戚保护野生动植物。

保护自然环境，不乱扔垃圾、不践踏草坪、节约纸张、尽可能使用可循环再生的生活制品等。有了好的自然环境，各种生物才能更好地栖息繁衍。

努力学习科学文化知识，有了更发达的科技，更智慧的头脑，我们才能更好地和大自然相处，才会更好地保护生物多样性。

低碳生活。所谓低碳生活是指生活作息时所耗用的能量要尽力减少，从而减低二氧化碳的排放量。我们可以尽量选乘公共交通工具、骑自行车或者走路出行，随手关掉电灯、水龙头等。举手之劳，持之以恒，每个人都可以做节能大使。

保护生物的多样性，我们应该做的还远不只这些，为了保护生态平衡，为了我们能有美好的明天，保护生物多样性，一起努力吧。

养成良好的环保习惯

PART 8

大湾区湿地保护

一、南沙湿地公园

南沙湿地公园位于珠江三角洲几何中心，地处广州最南端的珠江入海口西岸，总面积约 1 万亩（667 hm^2），是候鸟的重要迁徙路线之一，也是珠三角地区保存较为完整、保护较为有力、生态较为良好的滨海河口湿地。南沙湿地良好的自然生态环境为周边地区起着防风消浪、涵养水土、调节气候等重要作用，被誉为"广州之肾"。

南沙湿地公园以其优美的自然景观、特有的候鸟、红树林资源及其所形成的人与自然和谐共处的生态休闲美丽画幅，荣获"羊城新八景""可持续发展自然环境最佳生态景区银奖""国家 AAAA 级旅游景区"等殊荣。2015 年 11 月 6 日上午，首届"广东省最美湿地"影像湿地摄影大赛媒体发布会暨 2015 年广东省湿地保护协会会员代表大会在南沙湿地公园隆重举行。南沙湿地公园受到广东省湿地协会评审团和广大游客的大力支持和充分肯定，获得首届"广东省最美湿地"第一名的殊荣。

南沙湿地公园

1. 南沙湿地公园特点

南沙湿地公园分为两区建设，东区面积约3400亩（227 hm²），为生态保护核心区，以开展生态系统科研科普教育为主。西区面积约6000亩（400 hm²），为综合开发生态旅游区，是集生态观光、科普教育、文化影视、休闲度假配套为一体的滨海湿地特色生态旅游休闲区。

南沙湿地公园有游船区和原野步行区两大部分，目前游览区仍处于建设保育阶段，按照生态保护为主，适度旅游开发为辅的原则，正在进行总体规划，项目建设包括核心保护区、综合游览区、科普展览区、农业观光园区、休闲游憩绿道等景区。

南沙湿地公园内为游客提供多种休闲游憩设施，其中乘坐游览船可观赏红树林、芦苇荡、莲花池、鸟巢和鸟类觅食区等水上景点，乘观光车、自行车或步行可游览榕荫绿道、海景长廊、原野步行区等景区。在这里游览，可享受"曲水芦苇荡，鸟息红树林，万顷荷色美，人鸟乐游悠"的美景。

莲花艳而不俗，媚而不妖，赢得花中君子的美誉。南沙湿地公园内植有千亩荷花，朵朵醉人。夏季，接天莲叶无穷碧，映日荷花别样红。

夏：赏绿叶荷花

春：探鸟巢树花

　　在早春，夏候鸟与留鸟会在红树林中筑巢繁衍后代，此时可以看见鸟巢中一窝窝的小鸟在此成长。而到了晚春，红树林陆续开花结果，落地的果实将生长成新红树。

秋：看红树苇影

冬：观掠水候鸟

南沙湿地公园，常年生活着上万只鸟儿，每年从北方各地前来越冬的候鸟更多达近 10 万只，目前湿地发现的鸟类有 207 种，其中包含了全球濒危物种黑脸琵鹭等，千千万万的候鸟已经把这里当成了它们的家园。

2. 候鸟天堂

（1）黑翅长脚鹬。"三有"保护野生动物，广东省重点保护野生动物。

黑翅长脚鹬是中型涉禽。嘴、头顶、背及翼黑色具绿色金属光泽，颈、腹等其余部位白色或稍沾灰色。脚红色、细长。

黑翅长脚鹬喜沿海浅水及淡水沼泽地。主要以昆虫、虾、软体动物、甲壳类等小型无脊椎动物和水生植物

黑翅长脚鹬群

147

为食。

黑翅长脚鹬是迁徙期间见于广东。部分在香港、海南岛和台湾越冬。

黑翅长脚鹬

（2）褐翅鸦鹃。国家Ⅱ级保护野生动物，是中型鸟类。体羽全黑，仅上背、翼及翼覆羽为纯栗红色。

褐翅鸦鹃喜林缘地带、次生灌木丛、多芦苇河岸及红树林。常下至地面，但也在小灌丛及树间跳动。

褐翅鸦鹃分布于浙江、福建、广西、广东、云南、贵州南部和海南岛。

褐翅鸦鹃

（3）白胸苦恶鸟。"三有"保护野生动物，是体型略大深青灰色及白色的中型涉禽。头顶及上体灰色，脸、额、胸及上腹部白色，下腹及尾下棕色。

白胸苦恶鸟通常单个活动，偶尔三五成群，于湿润的灌丛、湖边、河滩、红树林及旷野走动找食。多在开阔地带进食，因而较其他秧鸡科鸟类常见。

白胸苦恶鸟分布于云南、广西、海南岛、广东、福建及台湾，偶见于山东、山西及河北。

白胸苦恶鸟

（4）大白鹭。大中型涉禽，成鸟的夏羽全身乳白色；鸟喙黑色；头有短小羽冠；肩及肩间着生成丛的长蓑羽，一直向后伸展，通常超过尾羽尖端10多厘米，有时不超过；蓑羽羽干基部强硬，至羽端渐小，羽支纤细分散；冬羽的成鸟背无蓑羽，头无羽冠，虹膜淡黄色。

大白鹭栖息于海滨、水田、湖泊、红树林及其他湿地。常见与其他鹭类及鸬鹚等混在一起。

大白鹭只在白天活动，栖息于开阔平原和山地丘陵地区的河流、湖泊、水田、海滨、河口及其沼泽地带。以甲壳类、软体动物、水生昆虫以及小鱼、蛙、蝌蚪和蜥蜴等动物性食物为食。主要在水边浅水处涉水觅食，也常在水域附近草地上慢慢行走，边走边啄食。

大白鹭分布于全球温带地区。大白鹭指名亚种繁殖于中国东北北部呼伦池、黑龙江流域和新疆西部与中部；迁徙和越冬期间见于甘肃西北部、西部、西南部、陕西和青海及西藏，偶见于东北辽宁、河北、四川和湖北。普通亚种繁殖于中国东北东南部吉林、辽宁、河北、福建和云南东南部蒙自；迁徙和越冬期间见于河南、山东、长江中下游江西、东南沿海广东、福建、海南岛和台湾。

大白鹭繁殖期为4—7月。营巢于高大的树上或芦苇丛中，多集群营群巢，有时一棵树上同时有数对到数十对营巢，亦与苍鹭在一起营巢，由雌雄亲鸟共同进行。巢较简陋，通常由枯枝和干草构成，有时巢内垫有少许柔软的草叶。1年繁殖1窝，每窝产卵 3～6 枚，多为 4 枚。卵为椭圆形或长椭圆形，天蓝色，大小为 51.5～60mm×34～41mm，重 29～31g。产出第一枚卵后即开始孵卵，由雌雄亲鸟共同承担，孵化期 25～26 天，雏鸟晚成性，雏鸟孵出后由雌雄亲鸟共同喂养，大约经过 1 个月的巢期生活后即可飞翔和离巢。

大白鹭

（5）**黑水鸡**。"三有"保护野生动物，广东省重点保护野生动物。

黑水鸡是中型涉禽，嘴黄色，嘴基与额甲红色。体羽大致黑色。两胁有白色纵纹，尾下覆羽两侧有白斑，脚黄绿色。

黑水鸡多见于湖泊、池塘及运河。栖水性强，常在水中慢慢游动，在水面浮游植物间翻拣找食。主要以水生植物叶、芽、种子和水生昆虫、软体动物为食。

黑水鸡繁殖于华东、华南、西南、海南岛、台湾及西藏东南部的中国大部地区。越冬在北纬32°以南。

黑水鸡

（6）**黑脸琵鹭**。中等体型的涉禽，属于鹳形目鹮科琵鹭属。琵鹭属与众不同的特征是生有一个似琵琶或汤匙状的长嘴，所以它的英文名称是"Spoonbill"。琵鹭属在全世界共有6种，其中有2种在亚洲有分布，即黑脸琵鹭和白琵鹭。前者仅见于亚洲东部，其特征是全身羽毛大体上为白色，有黑嘴和黑色腿、脚，前额、眼先、眼周至嘴基的裸皮黑色，形成鲜明的"黑脸"。

黑脸琵鹭

黑脸琵鹭的世界分布：中国、俄罗斯、朝鲜、韩国、日本、越南、泰国、菲律宾。

黑脸琵鹭的中国分布：繁殖于中国东北辽宁省大连市庄河市。冬季迁徙至中国台湾及南部。迁徙时见于中国东北，在辽东半岛东侧的小岛上有繁殖记录。春季在内蒙古东部曾有记录。冬季南迁至江西、贵州、福建、广东、香港及海南岛。

黑脸琵鹭一般栖息于内陆湖泊、水塘、河口、芦苇沼泽、水稻田以及沿海岛屿和海滨沼泽地带等湿地环境。它们喜欢群居，每群为三四只到十几只不等，更多的时候是与大白鹭、白鹭、苍鹭、白琵鹭、白鹮等涉禽混杂在一起。它们的性情比较安静，常常悠闲地在海边潮间地带、红树林以及咸淡水交汇的基围（即虾塘）及滩涂上觅食，中午前后栖息在虾塘的土堤上或稀疏的红树林中。

黑脸琵鹭在繁殖的时候通常是"一夫一妻"制，夫妻关系极为稳定，当鸟儿开始筑巢的时候，说明他们的配偶关系已经确立。筑巢期大约为一周的时间，他们边筑巢边相互亲热。

黑脸琵鹭繁殖期为每年的5—7月，但常常3—4月就来到繁殖地区。

　　黑脸琵鹭分布区域极为狭窄，种群数量也极为稀少，是全球最濒危的鸟类之一，已被列入 ICBP 世界濒危鸟类红皮书，中国亦于 1989 年列入国家重点保护野生动物二类保护动物名录。黑脸琵鹭是全球濒危珍稀鸟类，它已成为仅次于朱鹮的第二种最濒危的水禽，国际自然资源物种保护联盟和国际鸟类保护委员会都将其列入濒危物种红皮书中，到 2010 年为止，全世界录得只有 2 000 多只。每年都会有数量不等的黑脸琵鹭到南沙湿地越冬，目前为止，在南沙湿地录得的黑脸琵鹭的数量最多时为 12 只。

　　（7）反嘴鹬。"三有"保护野生动物，广东省重点保护野生动物。为中型涉禽，体长。嘴黑色，细长而上翘。头顶及后颈黑色，站立时翅膀有两道黑斑，其余部位白色。脚青灰色，具全蹼。

　　反嘴鹬进食时嘴往两边扫动。集大群活动。主要以小型甲壳类、水生昆虫、蠕虫和软体动物为食。

　　反嘴鹬繁殖于中国北部，冬季结大群在东南沿海及中国西藏至印度越冬，偶见于中国台湾。

反嘴鹬

（8）小䴙䴘在南沙湿地游船时，会经常看到一种很像鸭子的水鸟，不过它的体型确比鸭子小很多，这就是我们湿地的明星水鸟——小䴙䴘。别看它小，本领却很多，它能上天、能潜水、还会在水上漂。

小䴙䴘

小䴙䴘是"三有"保护野生动物，体小，身体短胖，尾短小。嘴基具乳黄色斑，繁殖羽上体黑褐色，耳羽、颈侧栗红色，下体白色。非繁殖羽颈侧为浅棕色，上体灰褐色，趾间具瓣蹼。

小䴙䴘喜在清水及有丰富水生生物的湖泊、沼泽及稻田。通常单独或成分散小群活动。善于潜水。主要以小型鱼类为食，也吃水生无脊椎动物，偶尔吃水生植物。

小䴙䴘为留鸟及部分候鸟，分布于中国各地。

3. 湿地植物

（1）秋茄。即秋茄树，红树科秋茄树属植物，红树林的常见品种，果实形状似笔，成熟后跟茄子非常相似。花期在4—8月间，果期在8月—翌年4月。

秋茄与木榄、桐花树同样有"胎生"的特别生长功能.果实还挂在树上时，种子已长出胚根。果实落下时，尖的胚根会插进泥土内，如果落在海里，能浮水的种子会随水漂流，待退潮时跌在泥土上便争取时间生根生长（据说两小时会长出根然后竖立，再长出叶）。

秋茄是红树林中常见种类，也是最能够耐寒的种类，向北可以分布到浙江，在海南、广西、广东、台湾、香港的海湾都有分布。在从外滩到内滩的区域里都有分布，多生长在河流入海口海湾较平坦的泥滩上。在南沙湿地公园，生长着大约15种红树，其中，秋茄是最为常见的一种红树，它大多分布在湿地的河道两旁，起着巩固两岸土壤，防止河道土壤被潮水冲走的作用。

秋茄

很多人认为红树林是红色的，见过红树林的人就知道，其实这种树林一点也不红。红树属于红树科植物，其树皮内含有丰富的丹宁酸，该物质遇空气易氧化成红色。古代罗马人在砍伐红树科植物时，发现不仅裸露的木材显红色，而且砍刀和锯齿的口也是红色了，他们就利用这些植物的树皮提取物制作红色染料。所以人们就把这些能提取红色染料的绿色植物称为"红树"！

（2）木榄。乔木或灌木；树皮灰黑色，有粗糙裂纹。叶椭圆状矩圆形，顶端短尖，基部楔形；叶柄暗绿色，淡红色。花单生，萼平滑无棱，暗黄红色，中部以下密被长毛，上部无毛或几无毛，裂片顶端有刺毛，裂缝间具刺毛1条；雄蕊略短于花瓣；黄色，具胎生现象，胚轴红色，繁殖体圆锥体。

木榄

木榄在中国分布于广东、广西、福建、台湾及其沿海岛屿；国外分布于非洲东南部、印度、斯里兰卡、马来西亚、泰国、越南、澳大利亚北部及波利尼西亚。模式标本采自印度。

木榄在我国分布广，是构成我国红树林的优势树种之一，喜生于稍干旱、空气流通、伸向内陆的盐滩。据报道在马来西亚地区多成纯林，树高20多m，直径65cm，但在我国，所发现的其树高很少超过6m，亦未见有纯林，多散生于秋茄树的灌丛中。

（3）水黄皮。中型快速生长的乔木，高 8~15m。嫩枝通常无毛，羽状复叶，近革质、卵形、阔椭圆形至长椭圆形；总状花序腋生，簇生于花序总轴的节上，花冠白色或粉红色；种子肾形。花期 5—6 月，果期 8—10 月。喜高温、湿润和阳光充足或半阴环境，全、半日照均理想；栽培土质不拘，以富含有机质的砂质壤土最佳。

二、香港米埔湿地公园

米埔湿地公园位于香港新界西北部，毗邻后海湾。港府于 1976 年宣布把米埔湿地公园列为"具特殊科学价值地点"，米埔湿地公园的重要性由此可见一斑。为了确保这一湿地得到妥善管理，港府于 1984 年委托世界野生生物（香港）基金会负责米埔湿地公园的管理工作。现在筑有浮桥和步行径，方便游人观赏自然景色。

米埔湿地公园的野生生物种类繁多，有超过 300 种的雀鸟、400 种的昆虫、90 种的海洋无脊椎动物及 50 种的蝴蝶。米埔湿地最广为人知的是鸟类生态。每年约有 200 万 ~300 万头鸥、鸭、鹭和涉禽等水鸟，从中国北方、蒙古和西伯利亚的繁殖地，飞往东南亚和澳大拉西亚的越冬地。候鸟依靠迁徙路线上的中途站停栖、觅食并储存足够的能量，为余下的漫长旅途做好准备。米埔湿地公园和后海湾内湾一带的湿地则是候鸟重要的补给站。此外，米埔湿地公园还有全香港面积最大的红树林。

米埔湿地公园是候鸟经过长途艰辛的旅程后的歇息地点。每逢春秋两季雀鸟迁徙期间，均有 2 万 ~3 万只禽鸟在后海湾栖息，包括面临绝种威胁的勺咀鹬、小青脚鹬及半蹼鹬，所以春秋两季是观鸟的最佳时候。红树林和基围也是米埔湿地公园引人入胜的特色。红树林是一种能适应海岸生长的植物，鱼、虾和蟹等动物均生长在红树林区。而基围是潮间区的浅水虾塘，每逢 4—10 月是基围虾塘的作业期。

米埔湿地公园是由天然浅水河口三角洲地带、潮间带滩涂、红树林、基围和鱼塘组成，其中包括 380 hm² 极具生态价值的红树林和基围以及 470 hm² 鱼塘。湿地区还有红树植物 7 种，哺乳类动物 17 种，爬行类 21 种，两栖类 7 种，鱼类 40 种，高等植物 190 种。300 余种鸟类中有 14 种属全球濒危物种，特别是东方白鹳、黑脸琵鹭和小青脚鹬 3 种为世界濒危鸟类，在米埔湿地公园内栖息的数目超过全球总数的 1% 或以上，其中黑脸琵鹭占全球总数的 30%。米埔湿地公园是越冬水鸟和迁飞候鸟的重要中途站，每年冬季停留在这里的水鸟约为 55 000 只，全年水鸟数目逾 10 万只。

每年的春秋两季是观赏鸟类的最佳时节，300 多种冬候鸟的踪影可见于此，其中有不少品种更是区内罕见。候鸟在米埔湿地公园和后海湾湿地一带，以及红树林间，捕捉鱼虾和螃蟹作为食物。

香港米埔湿地公园

（1）小青脚鹬。中国国家Ⅱ级重点保护动物。

小青脚鹬是小型涉禽，嘴较粗而微向上翘，尖端黑色，基部淡黄褐色。夏季头顶至后颈赤褐色，具黑褐色纵纹。背部为黑褐色，具白色斑点。腰部和尾羽为白色，而且腰部的白色呈楔形向下背部延伸，尾羽的端部具黑褐色横斑，飞翔时极为醒目。下体为白色。前颈、胸部和两胁具黑色圆形斑点。冬季的背部为灰褐色，羽缘为白色，下体包括腋羽和翼下覆羽为纯白色。飞翔时脚不伸出尾羽的后面。虹膜暗褐色。脚较短，呈黄色、绿色或黄褐色，趾间局部具蹼。

小青脚鹬

大小量度：体长 290~320mm，嘴峰 48~58mm，翅 169~183mm，尾62~67mm，跗蹠 42~48mm。

小青脚鹬在中国为偶见旅鸟。春季多于 3—4 月，秋季于 9—10 月在迁徙时途经中国。常单独在水边沙滩或泥地上活动和觅食。觅食时常低着头，嘴朝下，在浅水地带来回奔跑。主要以水生小型无脊椎动物和小型鱼类为食，常涉水到齐腹深的水中去觅食。性情胆小而机警，稍有惊动即刻起飞。常低头来回奔跑，步伐显得慌忙。跑得快，飞翔力强，速度也快。飞翔时，翼的鼓动不很快，但幅度大。常站立于海滨低岩的顶处等待退潮。潮退后，在淤泥或沙滩上用嘴搜索食物，以小型无脊椎物为食。

小青脚鹬分布于孟加拉国、文莱达鲁萨兰国、柬埔寨、中国、印度、印度尼西亚、日本、朝鲜民主主义人民共和国、大韩民国、马来西亚、缅甸、菲律宾、新加坡、泰国、越南。

（2）半蹼鹬。被列入中国国家林业局 2000 年 8 月 1 日发布的《国家保护的有益的或者有重要经济、科学研究价值的陆生野生动物名录》，在《中国濒危动物红皮书·鸟类》中列为稀有物种，列入《世界自然保

半蹼鹬

护联盟》（IUCN）2012 年濒危物种红色名录 ver 3.1——近危（NT）。

半蹼鹬识别特征为夏羽头、颈棕红色，贯眼纹黑色，一直延伸到眼先。从前额至头顶有密集的黑色纵纹，在两侧形成一条棕红色眉纹；后颈具黑色纵纹；翕棕红色，羽毛具宽的。

半蹼鹬主要栖息于湖泊、河流及沿海岸边草地和沼泽地上。冬季主

要在海岸潮涧地带和河口沙洲。常单独或成小群活动。性胆小而机警。主要以昆虫、昆虫幼虫、蠕虫和软体动物为食。常在湖边、河岸、水塘沼泽和海边潮涧地带沙滩和泥地上觅食。常频繁地将嘴插入泥中直至嘴基。

半蹼鹬在中国繁殖于内蒙古东北部和黑龙江，迁徙期间经过吉林、河北、长江中下游，一直到福建、广东和香港。偶尔路过台湾。

（3）东方白鹳。国家一级保护动物。是一种大型的涉禽，体态优美。长而粗壮的嘴十分坚硬，呈黑色，仅基部缀有淡紫色或深红色。

东方白鹳除了在繁殖期成对活动外，其他季节大多组成群体活动，特别是迁徙季节，常常聚集成数十只，甚至上百只的大群。觅食时常成

东方白鹳

对或成小群漫步在水边或草地与沼泽地上，步履轻盈矫健，边走边啄食。

东方白鹳在中国繁殖于黑龙江省齐齐哈尔、哈尔滨、佳木斯、七台河、大庆、牡丹江、鸡西、双鸭山、宾县、方正、依兰、林口、宁安、

杜尔伯特、富锦、同江、抚远、三江平原、松嫩平原、桃山湖、兴凯湖、镜泊湖、莲花湖、连环湖、吉林省向海、莫莫格；越冬于江西省鄱阳湖、湖南省洞庭湖、湖北省沉湖、洪湖、长湖，安徽省升金湖，江苏省沿海湿地，偶尔到四川、贵州、西藏、福建、广东、澳门、香港和台湾越冬；迁徙时经过辽宁省沈阳、朝阳、庄河、大连、营口、盖州、盘山，河北省秦皇岛和北戴河区及承德，天津、北京和山东长岛。

三、广州海珠国家湿地公园

海珠湿地位于广州市中轴线南段，总面积约1 100hm^2，被誉为广州"绿心"。其中，海珠湿地核心区域869hm^{2}为广州海珠国家湿地公园范围。目前开放区域包括海珠湖片区、龙潭水印片区和林洲凫影片区，总面积约370hm^2。

1. 海珠湿地概况

（1）城央绿核。海珠湿地面积为纽约中央公园面积的3倍，距离广州塔仅3km，是我国国家中心城市中轴线上最大的国家湿地公园。

（2）感潮河网。海珠区是冲积而成的岛区，区内河涌与珠江相连，均为感潮河道，其潮型为典型的不规则半日潮，潮差超过2m。

（3）果基农业。果基农业是基塘农业文化的典型代表，其通过顺河挖沟、堆土成基、基上种树、涌（塘）养鱼，形成完整生态链，保存了生态耕作方式，传承了农业生态智慧。

海珠湿地盛产荔枝、龙眼、黄皮、杨桃、香蕉、芒果、番石榴、木瓜等岭南佳果；石硖龙眼、红果杨桃、鸡心黄皮、胭脂红番石榴等十多个名优果品名扬中外。

海珠湿地土华的石硖龙眼以其果肉厚、肉质爽脆、蜜甜清香等特点，成为品质最好的龙眼品种。

石硖龙眼栽培历史悠久，清朝已有连片种植的记载，至今已有数百年历史，自民国起，石硖龙眼就曾大量出口东南亚及中国的香港和澳门，新中国成立初期更达盛期。

（4）鱼鸟天堂。海珠湿地位于我国候鸟迁徙路线上，其内几十条纵横交错的河涌直通珠江，湿地分布有种类繁多的鱼类，为水鸟提供了合适的觅食环境，截至 2016 年 12 月共监测到鸟类 142 种。

（5）湿地功能。①生态功能：雨洪调蓄、气候调节、水土涵养、缓解城市热岛效应、维持生物多样性。②教育功能：广东省环境教育基地、全国中小学环境教育社会实践基地、广东省科普教育基地、广州市科普教育基地、海珠湿地自然学校均位于此。③服务功能：生态旅游、区域联动、文化传承。

（6）湿地大事记。① 2012 年 3 月 15 日国务院同意采用"只征不转"政策一次性征地保护万亩果园。② 2012 年 4 月 23 日完成全部征地签约。③ 2012 年 9 月 29 日海珠湿地一期示范区建成开放。④ 2012 年 12 月 17 日获得国家林业局批复成为广州市第一个国家级湿地公园试点建设单位。⑤ 2014 年 12 月海珠湿地二期建成开放。⑥ 2015 年初被国家林业局评为全国首批重点建设湿地公园。⑦ 2015 年 12 月底成为广州市第一家国家湿地公园。

2. 海珠湿地自然学校

（1）海珠湿地自然学校是于 2015 年 2 月 2 日成立的开放式校外教育平台，自然学校通过学术研究与实践结合、湿地内与湿地外结合、传统与现代结合、本土化与国际化结合等途径建立自然教育"海珠模式"，成为广东省自然教育示范点。

（2）学校理念。致力重建自然与孩子的联系，让孩子在自然中"回归、探索、发现、成长"；也倡导一种新的亲子模式，让陪伴成为孩子成长中最宝贵的记忆。

因为认识，才会了解；因为了解，才会热爱；因为热爱，才会保护。

（3）课程分类。

中小学生教育目标：认识自然、融入自然、能力锻炼。

课程设计：自然印迹、水果乐缤纷、飞羽寻踪、密境寻宝、湿地夜观。

亲子家庭教育目标：热爱自然、改善亲子关系、消除自然缺失症。
课程设计：大地手作、湿地大搜查、餐桌上的秘密、趣味定向、都市农耕、荒野求生。

公众、企业教育目标：倡导健康生活、提高团队凝聚力、提升企业品质。

课程设计：悦跑悦快乐、绿色行者、自然美学／茶席／香席。

3. 湿地开放区域

海珠湿地目前已开放海珠湖、龙潭水印和林洲凫影，为公众构建可及、可达、可享受的都市休闲区域。

（1）海珠湖：城市中轴线的生态焦点。海珠湖面积约 $100\,hm^2$，位于广州市中轴线南段中心位置，与广州塔、花城广场、中信广场呈一直线，是广州新中轴上的生态焦点。

（2）龙潭水印：湿地美景与岭南文化相映。龙潭水印面积约 $67\,hm^2$，注重将岭南水乡的本土文化特色融入湿地美景，以恢宏大气的岭南式牌坊和历史悠久的镬耳屋作为湿地的标志性建筑。

（3）林洲凫影：凸显自然野趣与生物多样性。林洲凫影面积约 $203\,hm^2$，本着"自然、生态、野趣"的理念，着力提升生物多样性。在原生果园的基础上，通过连通水系、调清活水、丰富植被、修复生境等方式，为鸟类营造良好的栖息、繁育、觅食等生态环境，成为真正的小鸟天堂。

4. 湿地的未来

海珠湿地正在规划保护建设区域面积约 $500\,hm^2$，主要分为三期和四期。三期面积约 200 hm²，位于林洲凫影东侧，主要以挖掘和传承岭南果基农业文化、恢复野生动物栖息地为主，将生态与农业有机结合，再现果基农业勃勃生机。

5. 交通指引

海珠湖入口：地铁三号线大塘站 B 出口。

公交（西→东）：①可乘坐公交 264、583、761、779、997、998、高峰专线 68、商务专线 5 路到广州大道南路口站下车（往东行 281m）；②可乘坐公交 264、583、761、779、997、998、高峰专线 68、商务专线 5 路到聚德西路口站下车（往西行 368m）。

四、深圳西湾红树林湿地公园

2014 年 12 月 30 日，位于金湾大道与西海堤交汇处的深圳宝安西湾红树林湿地公园建设工程（一期）开工。于 2015 年 8 月 26 日开园，公园（一期）沿西海堤布局，长约 705m，面积约 9.3 万 m²，其中陆域面积约 3.3 万 m²，海域面积约 6 万 m²。有观海栈道 3 座、下海台阶 4 座、观景栈道 2 座，绿化 19 300m²，停车位 123 个。公园（一期）共设有 16 个景点。

（1）资源情况。公园以"多彩西湾，活力生活"为主题，以走近红树林为特色，是集休闲、游憩、科普于一体的高品质滨海景观示范段。

（2）主要景点。包括新建绿道、滨海栈道、生态停车场以及修复红树林、提升景观绿化等。其中，包括道路改造 7 000m²、新建 11 000m²、绿化 37 400m²、新修观海平台 1330m²、林中廊道 100m，新建停车位 118 个。

深圳西湾红树林湿地公园

五、深圳福田红树林生态公园

福田红树林生态公园位于福田区广深高速公路以南，东临新洲河，南面为深圳湾，西部与福田国家级自然保护区紧密相连，北挨沙嘴村，与香港米埔自然保护区一水相隔，最近距离仅300m，占地面积约38hm^2，是深圳湾湿地的重要组成部分，该区域原属边防管制区。

（1）公园简介。福田红树林生态公园作为深圳湾湿地的重要组成部分，以亚热带海湾红树林湿地为主要风景特征，是集"科普教育、海滨文化、自然景观、休闲游览"各种功能为一体的公园。

（2）福田红树林公园兼具生态功能和文化休闲功能。公园既是福田国家级自然保护区东部缓冲带，也是红树林湿地生态修复示范区，同时还是红树林湿地科普教育基地和市民休闲新空间。公园分为8个功能片区，包括入口广场区、室外科普区、红树林探索区、原生红树林保护区、浅滩红树林区、恢复湿地区等。

设计施工选材体现绿色低碳模式。该公园设计运用绿色环保技术与材料，贯彻环保理念。如翻新废旧材料循环再用，用于园区各个部分，如用固体废物再利用作为公园的园路；用碎石、碎砖作为屏风、墙面装饰等。

（3）福田红树林生态公园将成为深圳湾区生态圈的一颗明珠，也是福田区高品质生态环境的重要成果。深圳湾地处城市腹地，呈半封闭形状，湾内河海相互作用，咸淡水混合，细物质沉积丰富，两侧均有宽广的淤泥滩，为红树林的发育提供了良好的地貌和物质环境，具有极高的生物多样性，已经成为了深圳的生态名片。

（4）公园前身。福田红树林生态公园前身为新洲村、沙嘴村两个码头以及橙场种植区。20世纪80年代两个码头有渔船往返香港、深圳，承担香港与大陆之间的海路交通。2013年两个码头以及40余个堆货场正式清拆，归还政府兴建红树林湿地公园。

（5）公园性质。福田红树林生态公园目前由红树林基金会（MCF）全面管理，是全国首个由政府交给社会组织托管的市政公园。因为特殊的生态战略位置，政府部门、生态专家组成了专业管理委员会，监督和考核红树林基金会的管理。

无论是清晨还是傍晚，这里都没有高音喇叭、没有广场舞，在这里的游人只听得到各种虫鸣鸟叫。声音响度在这里被作为日常监测指数，随时控制。

暴雨后，它不积水。设计之初，公园就采用了"海绵城市"的设计思路，每次台风暴雨后，公园都能迅速恢复原状，让社区公众可以放心使用。

园区湖面有两座生态浮岛。公园采用"人工积极干预"举措，鸟类可以在浮岛上栖息出没，又可以与人类活动保持距离，人们可以赏鸟又可以不影响鸟类。

在这里，红树林被得以大面积恢复，旧新州河入海口处的红树林虽然还矮小稀疏，但游人已经可以重新看到本地种红树林。

MCF 的工作人员还为园区规划出"野花野草"区、蜜源植物区、两栖摇篮等，为了提升生态环境水平，还对大量的外来入侵物种进行清理。

深圳福田红树林生态公园

PART 9

固体废物处理处置
及资源化

一、固体废物的分类

固体废物是指在生产、生活和其他活动过程中产生的丧失原有的利用价值或者虽未丧失利用价值但被丢弃的固体、半固体和置于容器中的气态物品、物质以及法律、行政法规规定纳入废物管理的物品、物质、不能排入水体的液态废物和不能排入大气的置于容器中的气态物质。由于多具有较大的危害性，一般归入固体废物管理体系。

垃圾分类小知识

不同地区，固体废物的分类方法会不一样。如在国外，按其组成可分为有机废物和无机废物；按其形态可分为固态废物、半固态废物和液态(气态)废物；按其污染特性可分为危险废物和一般废物等；按其来源可分为矿业废物、工业废物、城市生活废物、农业废物和放射性废物。此外，固体废物还可分为有毒和无毒的两大类。有毒有害固体废物是指具有毒性、易燃性、腐蚀性、反应性、放射性和传染性的固体、半固体废物。

在我国，根据《中华人民共和国固体废物污染环境防治法》(1995 年公布)分为城市生活垃圾、工业固体废物和危险废物这三大类。

二、大湾区固体废物处理及资源化现状

为贯彻落实国家《"十三五"生态环境保护规划》和《广东省环境保护"十三五"规划》，深入推进广东省固体废物污染防治工作，提高固体废物减量化、资源化和无害化水平，加快推动形成绿色发展方式和生活方式，广东省环境保护厅组织编制了《广东省固体废物污染防治三年行动计划（2018—2020 年）》。计划制定 8 方面 31 条举措，推进固体废物污染防治。目标到 2020 年，广东全省工业危险废物安全处置率、医疗废物安全处置率均达到 99% 以上，城市污水处理厂污泥无害化处置率达到 90% 以上，全省城市生活垃圾无害化处理率达到 98% 以上，95% 以上的农村生活垃圾得到有效处理。

根据计划，广东将从加快固体废物处理处置设施建设、推进固体废物减量化和回收利用、压实固体废物污染防治责任、加大固体废物环境监管执法力度、加强固体废物管理能力建设、完善固体废物管理机制政策、强化行动计划实施保障等方面推进固体废物污染防治。

在加快固体废物处理处置设施建设方面，计划明确提出了危险废物、工业固体废物、生活垃圾、污泥、电子废物拆解等处理处置设施建设的进度要求。比如，计划提出加快生活垃圾无害化处理设施建设，全面推进 85 个生活垃圾无害化处理项目，确保到 2020 年全省城市生活垃圾无害化处理率达到 98% 以上。完善农村垃圾收运处理设施设备配套，到 2020 年末，95% 以上的农村生活垃圾得到有效处理。

广东还将加大固体废物环境监管执法力度，开展固体废物专项整治行动。以中央环保督察反馈的505家镇级垃圾填埋场为重点，严格按要求落实整改措施，到2020年实现505家镇级垃圾填埋场全部完成封场关闭或升级改造工作，并实现省内无新增的简易填埋场、小型简易焚烧炉等。

广州市现在常住人口超过1 400万，目前全市日产生活垃圾约2.5万t，2018年上半年月均产生生活垃圾72万t，"垃圾围城"问题不容忽视。垃圾分类是解决"垃圾围城"，实现生活垃圾资源化、无害化、减量化目标的前提。广州市对垃圾分类重视的比较早，先行探索垃圾分类多年。在2014年和2015年曾分别出台《广州市人民政府关于进一步深化生活垃圾分类处理工作的意见》和《广州市生活垃圾分类管理规定》。于2018年7月1日起实施《广州市生活垃圾分类管理条例》，标志着广州市全面开展生活垃圾分类。同时，垃圾分类工作也在中国大中城市正式推行。广州市在2018年针对全市5 908家推行生活垃圾强制分类的党政机关、社会团体、企事业单位、公共场所、服务行业等单位进行重点督导和执法，并"考虑向不分类投放垃圾的个人开罚"。2017年9月1日，广州市曾在全市选取了100个垃圾强制性分类样板小区，3 258家单位强制分类。广州将进一步扩大生活垃圾强制分类范围，将创建600个生活垃圾分类样板小区，50%的行政村推行农村生活垃圾分类。广州市的垃圾分类执法，2018年以对单位处罚为主，2019年预计向不分类投放垃圾的个人开罚，垃圾不分类从"违规"升级为"违法"。通过多年的垃圾分类经验探索，广州市目前已形成6种具有示范意义、可复制、可持续的垃圾分类模式，分别是大数据支持垃圾减量的"荔湾西村"模式、宣传培养居民习惯的"番禺市桥"模式、刷卡投放获积分"海珠轻工"模式、利用绿化带遮挡转运点的"越秀白云"模式、物管助力推行分类投放的"花都花城"模式及供销社回收按吨拿补贴的"增城小楼"模式。在住建部公布的《城市生活垃圾分类工作考核暂行办法通知》也就是2018年第二季度垃圾分类"国家级考试"中，广州在46个重点城市中排名全国第 6 名，垃圾分类成绩名列前茅。

深圳市为进一步做好垃圾分类工作，优化生活环境，深圳市环保局于 2018 年 6 月 22 日制定和颁发了《深圳市机关企事业单位生活垃圾分类设施设置及管理规定（试行）》和《深圳市公共场所生活垃圾分类设施设置及管理规定（试行）》。

东莞市根据《广东省人民政府办公厅转发国务院办公厅关于转发国家发展改革委住房城乡建设部生活垃圾分类制度实施方案的通知》（粤府办〔2017〕63 号）要求，按照市委、市政府工作部署，围绕"至 2020 年底，东莞市应率先实施生活垃圾强制分类，确保生活垃圾回收利用率达到 35% 以上"的任务要求，进一步推进全市生活垃圾分类工作，提高新型城镇化质量和生态文明建设水平，制定了《东莞市生活垃圾强制分类工作方案》。

中山市根据《广东省人民政府办公厅转发国务院办公厅关于转发国家发展改革委住房城乡建设部生活垃圾分类制度实施方案的通知》（粤府办〔2017〕63 号）要求，为提高本市生活垃圾减量化、资源化和无害化处理水平，加快推进绿色、循环和低碳经济发展，保护城市生态环境，不断提升城市品质和文明程度，提高城乡环境卫生质量，加强生活垃圾分类收集工作，结合我市实际情况，制定了《中山市推进生活垃圾强制分类实施办法》。

垃圾分类

　　香港的垃圾处理主要是通过堆填和回收再处理两种方式进行。其中，约63%的废物垃圾以堆填方式处理。香港根据实际情况制定了全面的中长期垃圾分类处理发展规划，例如家居废物源头分类计划。该计划推行了多种便民的回收设施，包括收集桶、挂墙架、多袋式收集袋（塑料袋、尼龙袋、帆布袋等）、盒子（金属盒、塑料盒、纸盒等）及其他废物分类回收桶。金属和塑料的回收主要采用三色分类回收桶和彩色胶带地面分区收集，废纸的回收可采用三色分类回收桶或者挂墙架。香港环境局还在2013年正式公布了一个10年的废物管理蓝图——"香港资源循环2013—2022"，以"惜物、减废"为重点，建立"减费、收费、收集、处置及弃置"的综合管理系统。在2022年之前减少40%的都市固体废物弃置量，并将香港的废物资源管理比例转变为"55%回收、22%堆填和23%焚化"。

　　澳门过去长期以堆填方式处理垃圾，但随着垃圾量增多，堆填对于土地资源紧缺的澳门来说，实在是沉重负担。20世纪80年代末至90年

澳门垃圾焚烧厂

代初，澳门特区政府决定以"焚化为主，堆填为辅"，建设了有3条处理线的垃圾焚化处理中心。但仅过了10多年，该垃圾焚化处理中心的垃圾处理能力就渐趋饱和，于是澳门特区政府在2008年完成了垃圾焚化中心的扩建，新增了3座焚化炉，将每日处理能力提升至1 728 t，预计可满足至2020年后的垃圾处理需求。澳门特区政府及相关部门也清醒地认识到，废物处理必须更加着重于"源头减废、分类回收"，于是进一步在澳门各地区及出入境口岸增设资源垃圾分类回收设施。同时，为了推动社会大众共同践行各种不同的环保行为，环境保护局于2011年起推出了"环保Fun"积分奖励计划，于12个地点定期回收塑料、铝罐／铁罐以及纸张，市民可以用回收物品获得的积分，换取超市礼品券。

三、大湾区垃圾填埋

目前广州市正在运行的生活垃圾处理设施有9座，其中资源热力电厂（即焚烧发电厂）2座，处理能力约3 000 t／d；生活垃圾卫生填埋场6座，处理能力1.35万t／d；餐厨垃圾处理厂1座，处理能力200 t／d。位于广州市白云区太和镇的兴丰垃圾填埋场，2002年投入使用，主要承担中心六区的垃圾填埋任务，每天进场垃圾高达9 000 t，占全广州每日垃圾处理总量的60%，超过全市垃圾填埋总量的75%。近年来，兴丰垃圾填埋场多次"告急"，去年新增七区工程A区和B区2个库区，面积10万 m^2，库容约1 110万 m^3。陈家林垃圾场，占地面积约200亩（13.3 hm^2），总库容为360万 m^3，分为3个功能区（垃圾处理区、污水处理区、人员生活区），服务范围为新塘镇城东、永宁街永和片区内所产生的生活垃圾，每日处理垃圾约750 t，占新塘城区垃圾处理量的3／4，是新塘镇生活垃圾的主要收集点和生活垃圾无害化处理的重要基础设施。番禺火烧岗垃圾填埋场 1990 年投入使用。因填埋量多次临近顶峰，在 2008 年和 2010 年火烧岗垃圾填埋场还两次进行扩容改造，日均垃圾处理量高达 2 500 t。2016 年 9 月，番禺火烧岗垃圾填埋场发生垃圾自燃，使舆论的焦点再度回到"填埋场何时能关闭"的问题上来。番禺火烧岗垃圾填埋场臭气扰民，番禺华南板块 10 个大型社区的数十万居民均受到影响。

番禺区火烧岗垃圾填埋场

东莞每天的生活垃圾清运量超过 1.3 万 t，其中 1.13 万 t 通过焚烧进行处理，但仍有近 2 000 t 要填埋。目前，东莞的垃圾填埋场基本填满了，新建面临很多困难，减少垃圾才是出路。

目前，深圳有 4 座垃圾填埋场，分别是龙岗红花岭垃圾填埋场，宝安老虎坑垃圾填埋场，鸭湖垃圾填埋场，下坪垃圾填埋场。深圳生活垃圾主要采用卫生填埋和焚烧两种方式处理，处理量约各占一半。但是 4 座垃圾填埋场的库存容量也日益告急。

香港的垃圾处理主要是通过堆填和回收再处理两种方式进行。其中，约 63% 的废物垃圾以堆填方式处理。香港把垃圾主要分成几类，相对应地在不同的垃圾填埋场进行处理。位于屯门稔湾的西垃圾填埋场的废物接收量最大，主要处理都市和建筑废物；位于将军澳大赤沙的东南垃圾填埋场 1994 年投入使用，从 2016 年 1 月 6 日开始只接收建筑垃圾；位于新界打鼓岭的东北垃圾填埋场是三个之中最小的一个，除了接收都市和建筑废物，还接收特殊废物。

四、大湾区垃圾焚烧

焚烧可大大减少垃圾中的有害物质，烟气经过处理达标后排放，减少对地下水和垃圾填埋场周边环境的大气污染，焚烧产生的蒸汽则可用于发电、供热，实现资源的回收利用。垃圾焚烧发电是发达国家广泛采用的城市生活垃圾处理方式，垃圾焚烧发电最符合"无害化、减量化、资源化"三原则，垃圾焚烧发电的资源回收利用效益相当可观，按发热值比较，我国目前城乡年产 2.5 亿 t 垃圾相当于 5 000 万 t 标准煤。由于相关处理技术的发展，垃圾焚烧产生的二噁英等有毒物质，完全可以控制在安全排放的数值范围内。现代垃圾焚烧发电厂对二噁英的控制是采用成熟的"3T"（turbulence、temperature、time）技术，其一是二噁英的产生温度为 360~820℃，若保持焚烧炉内温度大于 850℃，并控制烟气在炉内停留 2s 以上，即可使二噁英完全分解；其二是烟气通过最先进的方式处理，采用半干式反应塔系统＋活性炭喷射＋布袋除尘器，用活性炭吸附二噁英，用布袋截留灰尘，减少二噁英排放载体，从而将二噁英单位排放控制在 0.1ng 以内，对人体健康影响可基本忽略。大湾区发展带来了大量垃圾焚烧投资需求。大湾区人口长期处于净流入状态，垃圾清运量持续增长。大湾区快速发展背景下，土地资源稀缺，垃圾处理将向"零填埋"转变。清华大学环境学院教授刘建国表示，深圳、广州等一线城市，经济发展水平高，有钱、人多、地少，垃圾处理系统要求高度集约化，

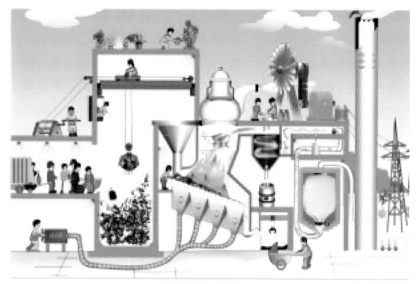

炉排炉垃圾焚烧发电

不能占用太多土地。有机构预测，到 2022 年，大湾区垃圾焚烧缺口为 1.5 万 t／d（焚烧占比 60%），对应总投资 75 亿元。

五、香港污泥处理厂 "T·PARK"

香港重视可持续发展社会的打造，发表了《可持续资源利用规划 blue print for sustainable use of resources 2013—2022》。香港 "T·PARK" 项目为实现 "waste to energy 废物－能源" 转化的示范工程，工程投资 50 亿港元，由威立雅环境集团以 DBO(设计、建造、运行) 模式与香港环保署签订合同，处理全港 11 座污水处理厂每天产生的所有脱水污泥，处理湿泥规模达 2 000 t／d（以 30% 含固率计）。"T·PARK" 项目的理念为实现多层意义上的 "转变（Transformation）"，环保基础设施在实现污染物消除的前提下，同时实现环境友好、能源自给与回收、资源循环、公众教育等功能，打造提供综合生态服务的绿色基础设施。"T·PARK"项目主体建筑由两个对称的、流线型焚烧车间构成，包括污泥接收系统，污泥焚烧系统和废气处理系统。每个厂里设有两座污泥焚烧炉和一套蒸汽轮机发电设备。车间中间通过巧妙的建筑设计，将行政楼和隐蔽的烟道构建在一起，行政楼一共有10层，外观上看不出传统烟囱的形象。烟气处理采用干式废气处理方式，主要设备有多级旋风除尘器和布袋除尘器，最终达到欧盟和香港烟气排放标准的要求。"T·PARK"项目同时打造符合生态理念的地面景观。焚烧厂的正南面规划了景观花园，西面构建了供水鸟和其他动物栖息的湿地系统。与传统填埋处理方式相比，香港"T·PARK"项目可以实现90%以上的污泥减量化，仅产生灰和少

香港"T·PARK"污泥处理厂

量的残渣，同时焚烧过程将热能转化为电力，并入公共电网后可供给4 000户居民使用，实现资源化能源利用。2016年两个月调试期间，焚烧厂运行实现三种模式：孤岛模式，即全厂自给自足，不输出电量也不购电，

运行时长占总调试时间的 3.4%；输入模式，即不输出电量，但需要外购电量的运行模式，时长占 0.6%；输出模式，发电除够自身用外，还可以向外网输出，占总时长的 96%。香港"T·PARK"提出基于资源循环的"整厂完全独立"概念。该厂不需要建设管网、不需供给自来水、也不向外界排污，不需要外网供电，还可以向外网输电。项目同时建有环境教育中心 (Environmental Education Center, EEC)，包括展览厅、观景台、报告厅和一个温水游泳池。展览报告厅通过图片、模型、影响和开放部分焚烧厂控制台的方式，实现公众参与。此外，焚烧厂还设有休闲咖啡厅、SPA和景观花园，可供市民预约使用，进行游览和休闲放松。在约 70m 高的观景台上可以饱览深圳湾的海景和远眺深圳特区。

六、广州资源热力发电厂

为应对垃圾数量日益增多，垃圾填埋场容量日趋紧缺，广州市建设了垃圾焚烧发电厂。垃圾焚烧发电厂统一命名为"资源热力电厂"，分

广州市第四资源热力电厂

布在白云、萝岗、番禺、增城、花都、从化等地。广州未来垃圾焚烧的日处理能力将从原来的 1.7 万 t 提升到 2.1 万 t。广州市建垃圾焚烧发电厂除了要处理将来每天产生的垃圾，还肩负着处理垃圾填埋场存量垃圾的重任。防止埋在地下的垃圾带来后续污染，还能使填埋区土地的重复开发利用成为可能。焚烧会产生 20% 的灰渣，可资源再利用，制成砖后，只有 5% 的灰渣需要进行填埋处理，实现了最大的资源化、减量化和能源化，零填埋是理想。

七、危险废物及其处理

根据《中华人民共和国固体废物污染防治法》的规定，危险废物是指列入国家危险废物名录或者根据国家规定的危险废物鉴别标准和鉴别方法认定的具有危险特性的废物。具有下列情形之一的固体废物和液态废物，列入《国家危险废物名录》：

（1）具有腐蚀性、毒性、易燃性、反应性或者感染性等一种或者几种危险特性的。

（2）不排除具有危险特性，可能对环境或者人体健康造成有害影响，需要按照危险废物进行管理的。

危险废物种类

　　危险废物处理方法，可分为物理法、物理化学法和生物法三大类。其中许多方法与化工生产是通用的。对于固体废物（废渣），常见的物理法处理工艺包括：压实、破碎、分选。对于液态废物（废液），常见的物理法处理工艺包括：沉降、气浮、离心、过滤、蒸馏等，而吹脱、微滤、超滤、纳滤等工艺则较少采用。常用于废渣的物理化学法处理工艺包括：热处理（焚烧、热解）、固化／稳定化。常用于废液的物理化学法处理工艺包括：混凝、化学沉淀、酸碱中和、氧化还原、吸附与解吸、离子交换、焚烧等，而置换、电解、萃取、电渗析、反渗透、光分解等工艺则较少采用。由于危险废物种类较多，成分复杂，采用任何一种单一处理方式均不能使危险废物达到减量化、资源化和无害化目的，因此必须根据需处理危险废物量及各种废物所含组分、性质的不同，采用不同的处理处置方案进行综合处理。

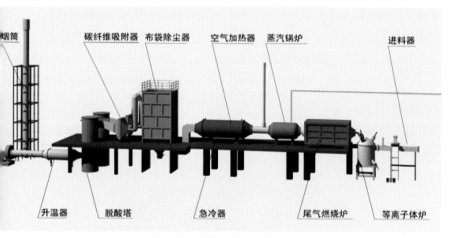

等离子体危废处理技术及流程

八、香港化学和医疗危险废物处理

在香港所产生的化学废物可以在产生现场处理，运往堆填区或运往合适的处理设施如化学废物处理中心处理。香港对化学和医疗危险废物处理有相关的规定。就废物处置（化学废物）方面，任何人士如产生或导致产生化学废物，便需登记为化学废物产生者。弃置此等废物前，必须包装、贴上标签并妥善储存。只有持牌的收集商方可将化学废物运送至持牌的化学废物处置设施处理。此外，化学废物产生者必须记存化学废物的运载记录，以便环保署人员随时检查。就废物处置（医疗废物）方面，医疗废物产生者必须妥善管理医疗废物。弃置这些废物前，必须妥善包装、贴上标签及储存。只有持牌的收集商方可将医疗废物运送至持牌的化学废物处置设施处理。医疗废物产生者必须存备各批次医疗废物的处置记录，让环保署人员查阅。根据医疗废物管制计划，化学废物处理中心是处理医疗废物的指定处理方。任何医疗废物产生者必须根据《废物处置（医疗废物）（一般）规例》的规定安排妥善处置有关医疗废物。

化学和医疗危险废物处理

除此安排之外，医护专业人士可自行直接将医疗废物送交至化学废物处理中心。化学废物处理中心处置医疗废物的收费为每 1 000kg 2 715 港元。

九、香港化学废物处理中心

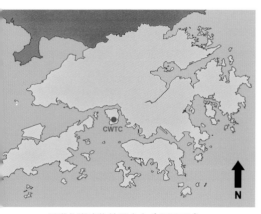

香港化学废物处理中心（CWTC）

化学废物处理中心在 1993 年启用，该中心的设计处理量为每年 10 万 t 化学废物。中心的现行管理和营运工作由衡力化学废料处理有限公司承办。化学废物处理中心的主要工作包括收集化学废物、分析废物成分及处理化学废物。处理的工序主要有 3 项，即含油废水分隔、物理／化学处理及焚化。化学废物处理中心设有多组附属系统，辅助处理过程。这些系统包括废物容器处理、贮存库、化验室及电脑系统。从业界收集的化学废物的数量，将按化学成分及分布状况，定期作出报告。化学废物处理中心的作业受到严密的监测，监测的范围包括气体排放、经稳定的渣滓及废水排放，以保证中心的运作不损害环境，并符合法定的环境要求。化学废物处理中心定期作出环境表现报告，报告内容包括污水排放、渣滓及烟囱废气排放质量的数据。该中心会在周围大气及焚化炉烟囱附近测量燃烧过程的副产品二噁英的含量，定期监测和汇报。此外，中心亦已采取预防性维修计划及紧急应变计划。

十、废塑料的回收及重复利用

塑料是美国人贝克兰在 1909 年合成发明的，他利用苯酚和甲醛合成了酚醛树脂。塑料是一种高分子化合物，可以自由改变成分及形体样式，耐冲击耐磨损、绝缘性好、成本低，但是缺点也很明显，分类回收难度高。据美国加州科学家团队估算，只有 30% 的废塑料被回收利用，而 70% 的废塑料成为了垃圾，大部分被掩埋在土地之下，也有大量废塑料漂浮在海洋中。关于废塑料的回收，塑料瓶回收体系是比较完善的。现在也有一些企业在回收利用废弃的塑料，还有一些是将制产品时候的边角料拿来应用。大批量的、同一类的原料比较好回收，再利用可以充分进行；但是不同的材料的成形条件是不同的，如果不是一类，很难共同利用。在塑料行业里，大家对回收利用还是很关注的，毕竟塑料的来源是石油，希望尽可能地能够重新利用它。如果要把废塑料回收利用的覆盖面扩大，还需要建立一些相应的机制。很多国家，对于包装的材料会有一个严格的分类，按照不同的种类各家各户先分好，这样会增大它的回收利用率。

塑料袋（通常指生活塑料袋）是人们日常生活中必不可少的物品，常被用来装其他物品。因其廉价、重量极轻、容量大、便于收纳的优点被广泛使用，但又因为塑料袋降解周期极长、处理困难的缺点而被部分国家禁止使用和生产。自 2008 年 6 月 1 日起，中国实行限塑令，在所有超市、商场、集贸市场等商品零售场所实行塑料购物袋有偿使用制度，一律不得免费提供塑料购物袋，并在全国范围内禁止生产、销售、使用厚度小于 0.025mm 的塑料购物袋。

废塑料回收的方式有以下几点：

（1）再生塑料。随着全球原油价格的不断升高，作为石油衍生物之一的塑料制品价格自然也水涨船高，废塑料的再生利用也被提到了重要的位置。废塑料的回收再利用已经被现代化工企业普遍采用。废塑料经过人工筛检分类后，还要经过破碎、造粒、改性等流程，变成各种透明或不透明塑料颗粒，再按照品相进行分类，最后成为可以再次利用的再生塑料。

（2）燃料。①最初，废塑料回收大量采用填埋或焚烧的方法，造成了巨大的资源浪费。因此，国外将废塑料用于高炉喷吹代替煤、燃油和焦炭，用于水泥回转窑代替煤烧制水泥，以及制成垃圾固形燃料(RDF)用于发电，效果理想。②RDF技术最初由美国研发。近年来，日本鉴于垃圾填埋场不足、焚烧炉处理含氯废塑料时HCl对锅炉腐蚀严重，而且燃烧过程中会产生二噁英污染环境，而利用废塑料发热值高的特点混配各种可燃垃圾制成发热量20 933kJ／kg和粒度均匀的RDF后，可使氯得到稀释，同时亦便于贮存、运输和供其他锅炉、工业窑炉燃用代煤。③高炉喷吹废塑料技术也是利用废塑料的高热值，将废塑料作为原料制成适宜粒度喷入高炉，来取代焦炭或煤粉的一项处理废塑料的新方法。国外高炉喷吹废塑料应用表明，废塑料的利用率达80%，排放量为焚烧量的0.1%~1.0%，产生的有害气体少，处理费用较低。高炉喷吹废塑料技术为废塑料的综合利用和治理"白色污染"开辟了一条新途径，也为冶金企业节能增效提供了一种新手段。德国、日本从1995年就已有成功的应用这项技术。

（3）发电。垃圾固形燃料发电最早在美国应用，并已有RDF发电站37处，占垃圾发电站的21.6%。日本已经意识到废塑料发电的巨大潜力。日本结合大修已将一些小垃圾焚烧站改为RDF生产站，以便集中后进行连续高效规模发电，发电效率由原来的15%提高到20%～25%。

（4）油化。由于塑料是石油化工的产物，从化学结构上看，塑料为高分子碳氢化合物。而汽油、柴油则是低分子碳氢化合物。因此，将废塑料转化为燃油是完全可能的，也是当前研究的重点领域。国内外在这方面均已取得一些可喜的成绩，如日本的富士回收技术公司利用塑料油化技术，从1kg废塑料中回收0.6L汽油、0.21L柴油和0.21L煤油。他们还投入 18 亿日元建成再生利用废塑料油化厂，日处理 10 t 废塑料，再生出 1 万 L 燃料油。美国肯塔基大学发明了一种把废塑料转化为燃油的高技术，出油率高达 86%。中国北京、海南、四川等地均有关于废塑料转化为燃油研究成果的报道，但尚未看到工业化的实际应用。

（5）建筑应用。利用废塑料和粉煤灰制造建筑用瓦对废塑料的清洗要求并不十分严格。各种废塑料都不同程度地粘有污垢，一般须加以清洗，否则会影响产品质量。向废塑料中加入适当的填料可降低成本，降低成型收缩率，提高强度和硬度，提高耐热性和尺寸稳定性。从经济和环境角度综合考虑。选择粉煤灰，石墨和碳酸钙作填料是较好的选择。粉煤灰表面积很大，塑料与其具有良好的结合力，可保证瓦片具有较高的强度和较长的使用寿命。

（6）合成新材料。据介绍，科学家们使用该项新技术能将废塑料加工成一种新型合成材料。实验表明，这种合成材料与沥青按比例混合后可以用来铺路，增加路面的坚硬程度，减少碾压痕迹的出现。还可以制成隔热材料而广泛用于建筑物上。专家认为，由于该技术是废塑料转化为新的工业原料，不仅在环保方面意义重大，而且还能够减少石油、天然气等初级能源的使用，达到节约能源的效果。

总的来说，废塑料还是有着很大的回收利用价值，但是因其回收成本高、回报率低、环境污染大等问题，一直鲜有人真正把废塑料做到很好的回收再利用。

白色污染

十一、厨余垃圾的处理

　　厨余垃圾一般指居民日常生活及食品加工、饮食服务、单位供餐等过程中产生的厨房垃圾；厨余垃圾的种类多样，是来源于家庭厨房、餐厅、食堂、市场及其他与食品加工有关的行业剩余饭菜的统称，是居民生产消费过程中产生的一种固体废物。厨余垃圾有如下特征：①含水量高达70%～90%。②有机物含量达95%，极易腐烂，产生恶臭。③营养物质丰富，厨余垃圾富含氮磷钾等微量元素。据统计我国2000年厨余垃圾生产量为4 500万t，并以每年新增厨余垃圾达500万t的速度增长。我国厨余垃圾并没有单独分离处理，而是混合在普通生活垃圾中进入垃圾处理系统或拉入养殖场喂牲畜。厨余垃圾本身的高含水量和低热值，使其在一般垃圾的处理模式中不能得到妥善的处理和再利用，从而大量占据填埋场库容，并成为垃圾填埋场气体和渗滤液产生的主要来源。

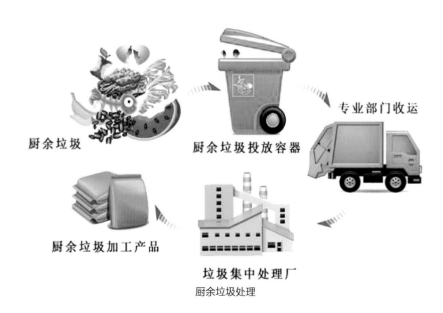

厨余垃圾　　厨余垃圾投放容器　　专业部门收运

厨余垃圾加工产品　　垃圾集中处理厂

厨余垃圾处理

目前，国内的厨余垃圾主要以填埋、堆肥化和焚烧为主。垃圾堆肥化处理分为好氧堆肥和厌氧发酵。厨余垃圾堆肥化处理的优点是处理简单，产品能广泛运用于农业和制作动物饲料；缺点是占地大、周期长，堆肥过程中产生的污水、臭氧会对环境造成二次污染。堆肥化和焚烧主要是构建以焚烧或填埋为终端的处理设施。加大宣传力度，规范监管、源头控制、中间收运、终端处理等各环节，减少生活垃圾的产生和处理量。

十二、固体废物热裂解技术

热裂解技术是一种已有很长历史的工业化生产技术，大量应用于木材、煤炭、重油、油母页岩等燃料的加工处理。例如木材通过热解干馏可得到木炭；以焦煤为主要成分的煤通过热解碳化可得到焦炭；气煤、半焦通过热解气化可得到煤气；重油也可以进行热解处理；油母页岩的低温热解干馏则可得到液体燃料产品。虽然热裂解技术很早就在烟煤生产焦炭方面得到成功应用，但对于固体废物进行的热裂解技术研究，直到 20 世纪 60 年代才开始引起关注和重视，到了 70 年代初期，固体废物

用于裂解的废旧轮胎

的热裂解技术才得到实际应用。固体废物经过热裂解技术除了可得到便于贮存和运输的燃料以及化学产品外，在高温条件下所得到的炭渣还会与物料中某些无机物与金属成分构成硬而脆的惰性固体产物，使其后续的填埋处理作业可以更为安全和便利的进行。实践证明，热裂解技术是一种发展前景广阔的固体废物处理方法。其工艺适宜于包括废橡胶、废塑料、污油泥、城市垃圾、废树脂以及农林废物等在内的具有一定能量的有机固体废物。

PART 10

循环经济

一、循环经济的概念

循环经济（circular economy）是一种再生系统，可减缓、封闭与缩小物质与能量循环，使得资源的投入与废弃、排放达成减量化的目标。循环经济有很多不同的定义，是未来真正实现可持续发展、零浪费的努力方向。循环经济所想象的未来是所制造生产的每个产品都经过精心设计，并可用于循环使用，不同的材料与生产制造的循环皆经过仔细考虑搭配，如此一来，一个制程的输出始终可成为另一个制程的输入。在循环经济中，将是零排放、零废弃的，所生产出的副产品或受损坏的产品或不再想用的货物并不会被看作是"废物"，而是可成为新的生产周期的原材料和素材。

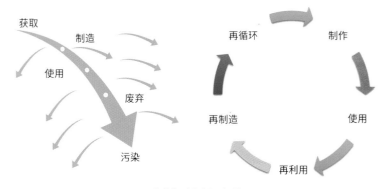

传统经济与循环经济

20世纪70年代，国际团队开始研究全球经济可持续发展的模式，预测人类经济未来的可能。研究中包含5个基本因素：人口增长，农业生产，不可再生资源枯竭，工业产出和污染产生等。团队将5大要素的数据进行模拟推论，以了解人类经济未来的可能。

罗马俱乐部于1972年发表的《增长的极限》中结果显示：人类生活的地球自然系统在长期消耗下，即使有先进技术也可能无法支持2100年以后的经济和人口增长率。该项推论引发国际社会的许多争论，多年来经过许多社会精英的论述，逐渐形成物资循环的共识：人类社会的消耗生产模式必须加以限制，循环利用物质资源，达成人口及生产的均衡，人类才能永续地生存。

二、循环经济的"3R"原则

从理论上讲，"减量化（Reduce）、再利用（Reuse）、再循环(Recycle)"可包括以下 3 个层次的内容：

（1）产品的绿色设计中贯穿"减量化、再利用、再循环"的理念。绿色设计包含了各种设计工作领域，凡是建立在对地球生态与人类生存环境高度关怀的认识基础上，一切有利于社会可持续发展，有利于人类乃至生物生存环境健康发展的设计，都属于绿色设计的范畴。绿色设计具体包含了产品从创意、构思、原材料与工艺

"3R"原则

的无污染、无毒害选择，到制造、使用以及废弃后的回收处理、再生利用等各个环节的设计，也就是包括产品的整个生命周期的设计。要求设计师在考虑产品基本功能属性的同时，还要预先考虑防止产品及工艺对环境的负面影响。

（2）物质资源在其开发、利用的整个生命周期内贯穿"减量化、再利用、再循环"的理念。即在资源开发阶段考虑合理开发和资源的多级重复利用；在产品和生产工艺设计阶段考虑面向产品的再利用和再循环

的设计思想；在生产工艺体系设计中考虑资源的多级利用、生产工艺的集成化与标准化的设计思想；在生产过程、产品运输及销售阶段考虑过程集成化和废物的再利用；在流通和消费阶段考虑延长产品使用寿命和实现资源的多次利用；在生命周期末端阶段考虑资源的重复利用和废物的再回收、再循环。

（3）生态环境资源的再开发利用和循环利用。即环境中可再生资源的再生产和再利用，空间、环境资源的再修复、再利用和循环利用。

对于再利用和再循环之间的界限，要认识到废物的再利用具有以下局限性：其一是再利用本质上仍然是事后解决问题，而不是一种预防性的措施。废物再利用虽然可以减少废物最终的处理量，但不一定能够减少经济过程中的物质流动速度以及物质使用规模。其二是再利用本身还不能保证是一种环境友好的处理活动。因为运用再利用技术处理废物需要耗费矿物能源、水、电及其他许多物质，并将许多新的污染物排放到环境中。其三是如果再利用资源的含量太低，收集的成本就会很高，再利用就没有经济价值。

循环经济"3R"原则的排序，实际上反映了20世纪下半叶以来人们在环境与发展问题上思想进步的三个历程：第一阶段，认识到以环境破坏为代价追求经济增长的危害，人们的思想从排放废物提高到要求通过末端治理净化废物；第二阶段，认识到环境污染的实质是资源浪费，因此，要求进一步从净化废物升华到通过再利用和再循环利用废物；第三阶段，认识到利用废物仍然只是一种辅助性手段，环境与发展协调的最高目标应该是实现从利用废物到减少废物的质的飞跃。与此相应，在人类经济活动中，不同的思想认识导致形成三种不同的资源使用方式：一是线性经济与末端治理相结合的传统方式；二是仅仅让再利用原则和再循环原则起作用的资源恢复方式；三是包括整个"3R"原则且强调避免废物的低排放甚至零排放方式。

三、循环经济的支撑体系

建立科学规范的政府考核评估指标体系。政府是推动和引领循环经济模式的直接组织者和实施者，没有政府的直接领导，循环经济单凭市场机制是难以得到健康顺利发展的。中国改革开放 40 多年来所取得的巨大成就就是在党和政府领导下完成的，在经济转型时期，党和政府的引领作用仍然是决定性因素。因此，如何衡量政府的业绩，是推动循环经济的关键，过去 40 年，提升国家综合国力，迅速提高经济增长速度是国家和政府的主要任务，因此衡量政府工作业绩的重要指标就是以经济增长为核心的指标体系，如 GDP 增长速度、外资引进规模、出口创汇能力、投资增长率、城市化水平等，一切均与经济增长相关联，这种考核评估体系实际上就是要求政府和干部的工作中心都以经济增长为目标。因此，在新的历史条件下，建立以资源节约、环境改善、人民生活质量提高、教育文化水平提高、科技知识、公共服务建设、工作效率和应急体系建设等为评估指标的政府考核评估指标体系，并纳入对干部的考核就显得非常重要。要扭转一些地方和行业不惜以牺牲资源和环境为代价换取 GDP 增长的错误做法，使经济发展走上健康的良性循环轨道，这样才能从根本上取得效果。

建立推进循环经济的技术支撑体系。循环经济的发展，最终要靠技术进步，应加大创新力度，为发展循环经济提供技术支撑。首先要推进循环经济，就必须提高产业技术标准，提高生产率，降低和减少资源、能源和原材料的消耗，杜绝高能耗的产业、产品的生产。因此，全面实现产业和产品市场准入的新标准，对原有的产品进行一次全面的技术标准测评，对于不符合消耗标准的产品禁止生产和销售。其次，以发展高新技术为基础，开发和建立包括环境工程技术、废物资源化技术、清洁生产技术等在内的"绿色技术"体系，通过科技攻关，形成环境保护的技术创新体系，从工业生产的源头上解决污染物的来源问题，推广使用清洁生产技术和工艺，减少污染物的产生。通过采用和推广无害或低害的新工艺、新技术，降低原材料和能源的消耗，实现投入少、产出高、污染低的目标，尽可能把污染排放和环境损害消除在生产过程之中。当然，推进循环经济的目的是能够以最低的消耗获得最大的效用，这就要求较高的科技产品来替代原有的产品，因此产业技术标准、市场准入标准要以科技创新为基础，国家要在节约能源、资源等方面加大科技投入，才能使循环经济健康而迅速发展。

四、发展评价指标体系

发展评价指标体系分为综合指标、专项指标和参考指标。其中，综合指标包括"主要资源产出率"和"主要废物循环利用率"，主要从资源利用水平和资源循环利用水平方面进行考虑。专项指标包括 11 个具体指标，主要分为资源产出效率指标、资源循环利用（综合利用）指标和资源循环产业指标。参考指标主要是废物末端处理处置指标，主要用于描述工业固体废物、工业废水、城市垃圾和污染物的最终排放量。参考指标不作为评价指标。在专项指标的选择上，资源产出效率指标主要从能源资源、水资源、建设用地等方面进行考察，包括能源产出率、水资源产出率和建设用地产出率。

应将直接物资投入量的评价指标修改为资源生产率指标，即当年本国 GDP 与直接物资投入量的比值。其他评价指标还有：

废物的循环利用率。废物的循环利用率不仅包括对消费后废物的循环再利用，还包括对生产过程中产生的废物的循环再利用。

废物最终处置量。将直接物资输出量范围缩减到废物最终处置量，

循环经济指标

这部分包括工业垃圾以及城市垃圾经过最终处置后排入自然界的量。其他如大气排放物以及一些流散的废物没有包括在内。

资源循环利用（综合利用）指标的选择，兼顾了农业、工业、城市生产生活等。在农业方面，重点从大宗废物方面进行考察，包括农作物秸秆综合利用率；在工业方面，重点从工业固体废物处理和水循环利用方面进行考察，包括一般工业固体废物综合利用率和规模以上工业企业重复用水率等指标；在城市生产生活方面，重点从再生资源回收、城市典型废物处理、城市污水资源化等方面进行考察，包括主要再生资源回收率、城市餐厨废物资源化处理率、城市建筑垃圾资源化处理率、城市再生水利用率等指标。

五、环境评估

　　环境影响评价简称环评（EIA，Environmental Impact Assessment），是一项对工程项目等所可能造成的环境影响进行评估的制度，旨在减少项目开发导致的污染、维护人类健康与生态平衡。目前在许多国家已经执行，理论上属于可行性研究的一部分，但因为环境问题是属于关系到社会所有人群的问题，所以国家要单独控制。

　　环境影响评价就是针对所有新工程，在建设过程中所能产生的对环境不利的影响和需要采取的措施，预先进行一下评估，征求工程所在地居民和地方政府的意见，对原计划进行修改，直到取得一致意见再开始建设。它是一种导向性的评价，各个国家对环境影响评价的格式和规范有不同的要求。

　　环境影响评价可能会极大地影响工程设计、投资和开工日期，但可以将工程对环境的不利影响预先降低到最小水平，降低以后的污染治理费用。

　　我国的环境影响评价制度起源于 20 世纪 80 年代初期，按照我国的法律，环评费用应占工程项目总投资额的 0.5%，但对小型企业适当予以放松。

六、金属废物

　　废金属是指冶金工业、金属加工工业丢弃的金属碎片、碎屑以及设备更新报废的金属器物等，还包括城市垃圾中回收的金属包装容器和废车辆等金属物件。

　　废金属也是一种资源，世界各国均有专门单位经营回收利用废金属的业务。回收的废金属主要用于回炉冶炼转变为再生金属，部分用来生产机器设备或部件、工具和民用器具。工业中金属的来源有两个：一是金属矿石；二是废金属。前者是天然资源，后者是回收的再生资源。如果工业中多用废金属，少用金属矿石，那么将不仅有利于减少金属矿产资源的开采，而且还有利于减少废金属的环境排放，起到改善环境的作用。

近些年来，在欧洲各国掀起了废金属资源利用的热潮，并收到了很好的环境效益、社会效益和经济效益。在中国，伴随着循环经济战略的实施，废金属物质的循环利用也将成为工业发展的重要内容。但是要做到这一点，首先需要有充足的废金属资源。

目前，世界各国的废金属资源的实际情况差别很大。有的国家，比如美国，废金属资源较充足，可以大力发展再生金属业；而有的国家，比如中国，废金属资源不足，再生金属业难以为继。由此可见，废金属资源还决定着一个国家冶炼业的总体结构。

金属废物

由于矿产资源有限且不可再生，随着人类的不断开发，这些资源在不断地减少，资源短缺必然成为人类所需要直接面临的一个局面。金属制品使用过程中的新旧更替现象是必然的，由于金属制品被腐蚀、损坏和自然淘汰，每年都有大量的废旧金属产生。如果随意弃置这些废旧金属，既造成了环境的污染，又浪费了有限的金属资源。有人曾做过这样的估算：回收一个废弃的铝质易拉罐要比制造一个新易拉罐节省 20% 的资金，同时还可节约 90%~97% 的能源。回收 1t 废钢铁可炼得好钢 0.9t，与用矿石冶炼相比，可节约成本 47%，同时还可减少空气污染、水污染和固体废物。可见，树立可持续发展的观念，加强垃圾的分类处理，回收并循环利用废旧金属有着巨大的经济效益和社会效益。

七、塑料废物

曾经整整一代杰出的化学家为实现目前塑料所具有的优良理化特性和耐用性能付出了辛勤的劳动。塑料以其质轻、耐用、美观、价廉等特点，取代了一大批传统的包装材料，促成了包装业的一场革命。但是出乎人们预料的是，恰恰是塑料的这些优良性能制造了大量耐久不腐的塑料垃圾。用后大量丢弃的塑料包装物已成为危害环境的一大祸害，其主要原因就是这些塑料垃圾难以处理，无法使其分解并化为尘土。在现有的城市固体废物中，塑料垃圾的比例已达到 15%~20%，而其中大部分是一次性使用的各类塑料包装制品。塑料废物的处理已不仅是塑料工业的问题，现已成为国际社会广泛关注的公害问题。

在城市塑料固体废物处理方面，目前主要采用填埋、焚烧和回收再利用 3 种方法。因国情不同，各国有异，美国以填埋为主，欧洲、日本以焚烧为主。若采用填埋处理的方法，因塑料制品质大体轻，且不易

海洋中的塑料垃圾

腐烂，会导致填埋地的地基软质化，今后很难利用。若采用焚烧处理的方法，因塑料发热量大，易损伤炉子，加上焚烧后产生的气体会促使全球气候变暖，且有些塑料在焚烧时还会释放出有害气体而污染大气。若采用回收再利用的方法，由于耗费人工，回收成本高，且缺乏相应的回收渠道，目前世界上回收再利用塑料的量仅占全部塑料消费量的15%左右。但因世界石油资源有限，从节约地球资源的角度考虑，塑料的回收再利用具有重大的意义。为此，目前世界各国都投入了大量人力、物力用于开发各种废旧塑料回收利用的关键技术，致力于降低塑料回收再利用的成本。

八、电子废物

电子废物或称电子垃圾，是指被废弃不再使用的电器或电子设备。电子废物种类繁多，大致可分为两类：一类是所含材料比较简单，对环境危害较轻的废旧电子产品，如电冰箱、洗衣机、空调机等家用电器以及医疗器械、科研电器等，这类产品的拆解和处理相对比较简单；另一类是所含材料比较复杂，对环境危害比较大的废旧电子产品，如电脑和电视机显像管内含铅，电脑元件中含有砷、汞和其他有害物质，手机原材料中含砷、镉、铅以及其他多种难降解和具有生物累积性的有毒物质等。

在一些发展中国家，电子垃圾的泛滥现象十分严重，造成了环境污染，威胁着当地居民的身体健康。一些废弃设备，例如阴极射线管（CRT）显示设备，含有大量有害化学元素，如铅、镉、铍、汞和溴化阻燃剂等成分。即使在发达国家，废弃电子设备的回收和循环回收再利用也会由于其工业过程可能对工人和附近社区的居民造成巨大的安全威胁，必须投入大量人力、物力来考虑在循环回收工艺和对重金属的析出等流程里，应该如何避免不安全的污染物暴露在外。如今，电子垃圾循环再利用行业在发达国家已经是一个庞大的、快速发展的产业。电子垃圾的回收循环再利用在环保、社会等方面有诸多益处，例如降低产品对原材料的需求；减少生产所需的水和电力资源；降低包装所需的成本；使资源在社会的

处理电子废物

分配更为合理；减少对垃圾场的使用。

回收循环再利用废旧的电子设备上的原材料，是解决电子垃圾问题最有效的方法。大多数电子设备含有多种有用材料，包括很多可以被恢复进行再次生产的金属材料。通过破碎、循环利用，还可以减少使用自然资源，并降低因为电子垃圾废物而产生的空气污染和水体污染。除此之外，回收循环再利用电子垃圾减少了直接从原始自然资源开始制造新产品所会产生的温室气体。总而言之，这是一个十分有益的过程，对保护环境都有好处。

九、建筑垃圾

建筑垃圾是指人们在从事建设、装修、修缮、拆迁等建筑业的生产活动中产生的渣土、废旧混凝土、废旧砖石及其他废物的统称。按产生源分类，建筑垃圾可分为工程渣土、装修垃圾、拆迁垃圾、工程泥浆等；按组成成分分类，建筑垃圾可分为渣土、混凝土块、碎石块、砖瓦碎块、废砂浆、泥浆、沥青块、废塑料、废金属、废竹木等。

这些材料对于建筑本身而言是没用的，是在建筑的过程中产生的物质，需要进行相应的处理，这样才能够达到理想的工程项目建设要求，正因为是一个整体的过程，所以其环节的考虑是更重要的。随着工业化、城市化进程的加速，建筑业也同时快速发展，相伴而产生的建筑垃圾日益增多，目前，中国建筑垃圾的数量已占到城市垃圾总量的 1／3 以上。

截至 2011 年，中国城市固体生活垃圾存量已达 70 亿 t，可推算出建筑垃圾总量为 21 亿 t~28 亿 t，每年新产生建筑垃圾超过 3 亿 t。如采取简单的堆放方式处理，每年新增建筑垃圾的处理都将占近 2 亿 m^2 用地。当前，中国正处于经济建设高速发展时期，每年不可避免地会产生数亿吨建筑垃圾。如果不及时处理和利用，必将给社会、环境和资源带来不利影响。以 500~600t／万 m^2 的标准推算，到 2020 年，我国还将新增建筑面积约 300 亿 m^2，新产生的建筑垃圾数量将是一个令人震撼的数字。然而，绝大部分建筑垃圾未经任何处理，便被施工单位运往郊外或乡村，露天堆放或填埋，耗用大量的征用土地费、垃圾清运费等经费，同时清运和堆放过程中的遗撒和粉尘飞扬等问题又造成了严重的环境污染。

处理建筑垃圾

建筑垃圾的传统处理方式是将其送到垃圾填埋场。但将建筑垃圾直接送到垃圾填埋场会导致许多问题，如浪费自然资源、增加建设成本，特别是还需要运输，占地面积很大，同时还会降低土壤质量，造成水污染，造成空气污染，产生安全风险等。

十、玻璃垃圾

"废玻璃"毫无疑问是"可回收物"，可你有没有遇到过这样尴尬的情况，收废品的人拒收废玻璃，甚至白送也不要！其实这主要是由于玻璃制品体量大、不易存储；重量大、运输成本高；破损麻烦、回收利润低导致的。

回收废玻璃需要经分类、清洗后，一部分废玻璃经挑选后可直接重新应用，另一部分经粉碎、预成型、加热焙烧后，可生产玻璃或做成各种建筑材料。但是一方面由于收集玻璃瓶再打碎加工到运输的成本太高，导致厂家没有回收的积极性；另一方面，玻璃制品厂家都有自己的生产流水线，生产成本低，宁愿直接用原料加工。没有了玻璃制品厂家的需求，从事玻璃回收加工的厂家就少了，废品回收站自然也就不愿意收玻璃品了。收废品的人不收，这就使得老百姓不得不把家里的废玻璃瓶当普通垃圾扔掉。可是，你知道吗？这样做，废玻璃作为可再生资源不但被大量浪费，更会对环境造成影响。

普通玻璃的主要成分是二氧化硅、硅酸钙和硅酸钠等，化学性质非常稳定，其中的二氧化硅是很难自然分解的。相比以塑料垃圾为主的白色污染，废旧玻璃制品在自然环境下更是难以分解，也无法在填埋中降解，甚至部分还含有锌、铜等重金属，会污染土壤和地下水。另外，玻璃是不

玻璃垃圾

可燃物质，一旦进入了垃圾焚烧炉，就会软化附着在炉壁上，影响焚烧效率。因此，废玻璃最好的处理方式是回收利用。

十一、清洁生产在循环经济中的作用

清洁生产是指将综合预防的环境保护策略持续应用于生产过程和产品中，以期减少对人类和环境的风险。清洁生产从本质上来说，就是对生产过程与产品采取整体预防的环境策略，减少或者消除它们对人类及环境可能存在的危害，同时充分满足人类需要，使社会经济效益最大化的一种生产模式。清洁生产（cleaner production）在不同的发展阶段或者不同的国家有不同的叫法，例如"废物减量化""无废工艺""污染预防"等。但其基本内涵是一致的，即对产品和产品的生产过程、产品及服务采取预防污染的策略来减少污染物的产生。

清洁生产

清洁生产是实施可持续发展的重要手段。其具体措施包括：不断改进设计；使用清洁的能源和原料；采用先进的工艺技术与设备；改善管理；综合利用；从源头削减污染，提高资源利用效率；减少或者避免生产、服务和产品使用过程中污染物的产生和排放。清洁生产的观念主要强调三个重点：

（1）清洁能源。包括开发节能技术，尽可能开发利用再生能源以及合理利用常规能源。

（2）清洁生产过程。包括尽可能不用或少用有毒、有害原料和中间产品。对原材料和中间产品进行回收，改善管理、提高效率。

（3）清洁产品。包括以不危害人体健康和生态环境为主导因素来考虑产品的制造过程甚至使用之后的回收利用，减少原材料和能源的使用。

清洁生产是生产者、消费者和社会三方面谋求利益最大化的集中体现：①它是从资源节约和环境保护两个方面对工业产品生产从设计开始，到产品使用后直至最终处置，给予了全过程的考虑和要求；②它不仅考虑生产各个环节，而且也要考虑服务对环境的影响；③它对工业废物实行符合成本—效果要求的源削减，一改传统的不顾成本—效果要求的单一末端控制办法；④它可提高企业的生产效率和经济效益，与末端处理相比，成为受到企业欢迎的新事物；⑤它着眼于全球环境的彻底保护，为人类社会共建一个洁净的地球带来了希望。

十二、公民参与

公众参与是实施循环经济的一个至关重要的因素。循环经济是一种有效平衡经济增长、社会发展、环境保护和资源高效利用的生态经济发展模式。通过仿生自然生态系统的结构、功能和物质流，在社会—生态二维复合系统中考虑经济的发展效率，通过构建资源—产品—再生资源的反馈式物质循环流程，实现以尽可能小的环境资源成本获得尽可能大的经济效益，现已被认为是可持续发展战略的最佳实现模式。循环经济除了需要政府主导、企业采用循环型技术实施生态化转型外，更需要社会公众的广泛参与。

德国、日本等循环经济工作开展较好的国家的经验表明，社会公众的广泛和积极参与对于循环经济的深入有效实施是必不可少的。同样地，我们也要认识到中国循环经济工作的开展是一项全民事业，其有效开展必须充分发挥广大人民群众的主人翁精神、积极性和创造性。只有这样，中国循环经济发展事业才有无尽的力量源泉。人民群众是历史的创造者，群众路线是中国经济社会发展必须遵循的基本原则，所以作为中国社会经济可持续发展的重要实施途径的循环经济工作必然离不开社会公众的广泛参与和大力支持。

公众参与的方式及程度将是决定中国循环经济工作能否广泛、深入和有效开展的基础和关键。传统经济发展模式没有考虑到经济发展的环境友好问题以及资源的利用效率问题。这种发展模式是割裂人类与自然的和谐本质的，它使社会整体在伦理、实践等维度上没有考虑到自然生态的保全问题和人类的代际发展问题。循环经济发展模式要求人类社会整体从根本上重构人与自然的和谐本质，这就需要每一位公民都从我做起，共同参与。

公众参与垃圾分类

由于一些政府部门的功利经济发展思维以及政府官员的"经济人"特性等，其不规范行为必然会使其工作在循环经济方面存在着盲区，同时市场因信息不对称、环境资源外部性等因素也会致使市场体系产生循环经济"失灵"区，这些原因使得社会公众参与机制对于中国循环经济工作的深入开展尤为必要。因为社会公众参与机制可通过对政府—国家体制和企业—市场机制进行有益补充来有效地弥补"市场失灵"和"政府失灵"现象，构建合理的循环经济工作公众参与机制能使中国的循环经济工作由被动外推转化为内生参与，并形成由政府、企业和社会组成的多元化循环经济实施主体结构来实现中国循环经济的"善治"。

循环经济发展模式要求社会的生产和消费行为都必须生态化转型，其运行所遵循的"3R"（reduce 减量化，reuse 再利用，recycle 再循环）原则和生态经济规律不仅要求处于社会生产环节的企业要通过减量化、再生循环利用技术、产业链链接技术等循环型技术来实施生态化转型，构建生态型企业模式，而且要求社会消费领域最基本、最重要的主体——社会公众的生活行为进行生态化转向，如积极响应、配合社会废弃产品的回收工作，自觉对垃圾资源进行分类处理，崇尚生态消费、拒绝奢侈和过度消费，节约资源、能源等。只有这样才能满足循环经济发展模式的客观要求，成功构建循环经济的三种模式：生态社区、循环型城市和循环型社会。

十三、香港循环经济的情况

香港是世界上人口密度最大的城市之一，每平方千米有人口 130 000 人，每年产生超过 600 万 t 的垃圾。由于人多地少，缺乏空间，废物管理尤其困难。

2017 年，香港超过 40% 的城市固体废物出口到内地回收，但只有 1% 的废物在当地回收。香港生态园是一个 20 万 m^2 的工业区，专门用于回收利用废物。该生态园由香港特别行政区政府于 2003 年成立，旨在鼓励当地企业家改造和使用城市垃圾，从而促进循环经济的发展进程。该生态园允许当地制造商受益于有效的技术来处理香港至今埋藏在垃圾填埋场的大量可回收废物。政府希望为这些创新技术以及再生材料创造新的市场，同时目标还在于减少香港将固体废物出口的需求。

在该工业场地上出现的公司和创新包括：

（1）将工业和农产品贸易中的食用油转化为可替代柴油的燃料（由当地公司生产的 ASB 生物柴油），这种新燃料减少了污染物和微粒的排放。每年香港由于食用油而产生 16 000 t 生物燃料。然而，只有 10% 的油被转化。事实上，生物柴油的需求量非常低，因为它的成本很高。

（2）开发塑料 1 和 2（PET 和 HDPE），以生产用于其他行业的原料。

（3）从纺织工业中回收的废物，占香港总废物的 7%。除了教育项目外，该生态园还回收材料来制作服装，这是一个由环境组织"补救"领导的小规模变革。

（4）污泥处理也在生态公园附近的 T·PARK 污泥处理厂进行。该厂自 2016 年 5 月起由法国威立雅公司运营，每天处理超过 2 000 t 污泥用于发电。该工厂还提供许多服务和功能，包括水疗中心，以及免费的公共花园。这一做法是世界首个，也反映了香港在循环经济方面的动态合作。

香港生态园

PART 11

城市绿色生活方式

一、大湾区绿色生活方式理念的发展历程

2018 年是改革开放 40 周年。在这 40 年时间里，我国的城市化进程不断加快，城市居民的生活水平不断提高。但同时，城市生态环境却在不断恶化：城市空气污染严重，雾霾天气加剧；大量含有污染物的生活污水没经过适当处理直接排放到江河里；全国有三分之一以上的城市出现垃圾围城情况。解决这些城市环境污染问题是国家生态文明建设的重点。

随着大湾区内各城市间的交往越来越密切，城市居民对生活环境的要求也随之提高。加快推动生活方式绿色化，实现生活方式和消费模式向勤俭节约、绿色低碳、文明健康的方向转变是未来大湾区生态文明建设的目标之一。

绿色生活方式是指在衣、食、住、行、游等方面遵循勤俭节约、绿色低碳、文明健康要求的生活方式。绿色生活方式的提出与推行一直都与党和国家对环境保护的认识发展密切联系。党的十八大报告中指出："要着力推进绿色发展、循环发展、低碳发展。"党的十八届五中全会提出创新、协调、绿色、开放、共享的发展理念。绿色发展是新的时代背景下对可持续发展理念的全新诠释，其中绿色生活方式是绿色发展重要的实践途径，是生态文明建设的重要内容。党的十九大报告也明确提出要"形成绿色发展方式和生活方式，坚定走生产发展、生活富裕、生态良好的文明发展道路"。2018 年 2 月 18 日，中共中央国务院印发《粤港澳大湾区发展规划纲要》第七章第三节"创新绿色低碳发展模式"中指出，大湾区要培育发展新兴服务业态，加快节能环保与大数据、互联网、物联网的融合。广泛开展绿色生活行动，推动居民在衣食住行游等方面加快向绿色低碳、文明健康的方式转变。上述关于提高城市居民的环境保护意识，推动城市绿色生活方式的认识过程是顺应时代发展、

促进经济转型的需求，符合习近平总书记在全国生态环境保护大会上明确的关于绿色生活方式形成的时间表，即"到本世纪中叶，物质文明、政治文明、精神文明、社会文明、生态文明全面提升，绿色发展方式和生活方式全面形成"。

大湾区绿色生活方式涵盖了城市居民生活的方方面面：生活用品和食品的绿色生产、绿色消费、绿色处理；绿色建筑与环保家居装修；居民工作与生活的绿色出行；假期的绿色休闲娱乐方式等。倡导和培育绿色生活方式，不仅需要国家和各级政府从宏观上制定相关的环保法律法规和政策，也需要每个人从生活的小事做起，主动节约能源，出门尽量选择公共交通工具，绿色理智消费，回收废旧物品等，共同促进粤港澳大湾区的生态文明建设。

二、绿色节能建筑

绿色节能建筑在我国的城市可持续发展过程中占据着十分重要的位置。它很大程度上与绿色建筑设计和绿色建筑施工相关联。就建筑行业而言，它本身就是污染较大的行业，无论其原料的使用，还是其施工建设阶段都会对周围环境和人体健康造成不良的影响。因此，绿色节能建筑的提出和推广就是要尽量降低建筑行业对环境和人体健康的影响。近几年来，在国家建设生态文明城市和可持续发展城市的背景下，绿色节能建筑在粤港澳大湾区得到大力发展，建成了许多高质量的绿色节能建筑。

1. 广州白云国际机场 T2 航站楼

广州白云国际机场位于广州市北部的白云区人和镇和花都区新华镇交界处，是国内三大航空枢纽之一。2018 年 4 月 26 日投入使用的 T2 航站楼，被全球民航运输研究认证权威机构 SKYTRAX 评为"全球五星航站楼"，无论从场地绿化率、室内外环境设计、节能技术和材料的运用以及经济效益的分析，都达到了国家绿色建筑评价的三星级别。

广州白云国际机场 T2 航站楼全景

T2 航站楼的设计理念融合了"绿色""可持续"和"以人为本"，为旅客和机场工作人员提供了安全、健康、舒适和高效的候机、工作和生活空间。从候机大厅高大的落地玻璃向外望去，旅客不仅可以欣赏来自不同航空公司的多型号飞机，还可以看到围绕航站楼、交通中心及进出港高架路的大面积绿地，让旅客在候机过程中保持心情愉悦。而位于联检区域北侧的中庭花园不仅能调节室内气温，也是旅客休憩与娱乐的好去处。除了拥有大量的绿色空间外，T2 航站楼的设计一直都以节能减排为目的。结合自然采光和自然通风，太阳能加热泵热水系统、雨水回收利用系统、可调节外遮阳装置、智能照明控制和全空气空调系统等的设计充分实现了节能和节水的绿色建筑要求，而且可再循环材料使用重量占 T2 航站楼所用建筑材料总重量的 10% 以上。随着机场三期扩建工程（主体工程包括第四、第五跑道和 3 号航站楼）前期工作的启动，广州白云国际机场未来将建设成为世界级航空枢纽，紧跟国家战略发展步伐，在新一轮对外开放大格局中发挥更大的作用。

2. 深圳腾讯新总部——滨海大厦

2017 年落成并投入使用的深圳腾讯新总部——滨海大厦由南北两栋塔楼及象征"知识、健康、文化"的三道连廊组成。三道连廊分别位于大厦的 3~5 层、22~25 层和 35~37 层。深圳腾讯新总部是一座集数字化、智能化的"互联互通"的绿色建筑，获得了源自美国的国际性绿色建筑认证系统（LEED NC）的金级认证。

深圳腾讯新总部

在滨海大厦施工期间，绿色环保理念已经深入人心。不仅绿色施工的标语和环境保护的内容标牌一直都设置在现场施工的醒目位置，而且对建筑扬尘、施工现场噪声、工业污水和生活污水以及进出施工现场的车辆尾气排放及施工设备的废气排放都有严格的要求。最后，建筑垃圾（废旧钢筋、模板、碎石等）和废电池、墨盒等都得到了很好的分类和回收。

整个滨海大厦的建筑设计根据深圳的日照规律，安装了自动遮阳系统。大厦内部除了拥有宽敞明亮的办公室和会议室外，还有许多休闲娱乐设施提供给在这里工作的员工使用，像空中攀岩墙、篮球场、羽毛球场、健身房、恒温游泳池等。特别值得一提的是，大厦内的空中花园和循环系统是依据"海绵城市"的理念来打造的，可以收集并储存雨水以备灌溉和冲洗之用。所以，汇集高科技与绿色环保理念的深圳腾讯新总部将是大湾区未来建造绿色节能建筑的典型范例。

深圳腾讯新总部——滨海大厦
地址：深圳南山区勤学路与后海大道交叉口南 150m。

3. 肇庆车站

2018 年 8 月 8 日到 20 日，第十五届广东省运动会在肇庆市体育中心主场馆及其他分场馆成功举办。肇庆东站交通换乘枢纽及站前广场位于高铁肇庆东站及广佛肇城轨鼎湖东站交汇处。在运动会举行期间，新落成的肇庆东站为大量前来观看赛事的观众、参加赛事的运动员和教练员以及运动会的工作人员提供了重要的交通保障。而且，现代与绿色环保兼具的肇庆东站也是日新月异的肇庆市的一张亮丽的城市名片。

肇庆东站交通换乘枢纽及站前广场工程的建筑设计流畅大方，功能性非常强，环保设计执行绿色建筑二星级标准。肇庆东站的设计因地制宜，高铁、城轨、汽车客运、地铁 4 种交通方式间的换乘方便快捷，以尽可能减少旅客换乘的时间。肇庆车站的站前广场设计采用了与传统广场不同的大面积绿化微地形设计，并且按比例栽种了乡土植物，使得广场与周围的青山绿水有机融合。肇庆东站的地下空间通过设置大面积的下沉广场、采光天窗、采光天井等绿色设计手段，使得地下空间变得不再压抑与密不透风，提高了使用者的舒适感。车站主体建筑结构使用可再循环材料达到 10% 以上，高强钢材的比例达到 70%，加上采用合理、安全、高效的节能、节水等措施，让肇庆东站交通换乘枢纽及站前广场工程成为了具有完善的服务配套和节能环保的绿色建筑，是"粤港澳大湾区"发展的标志性工程之一。

肇庆东站交通换乘枢纽及站前广场全景

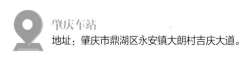

肇庆车站
地址：肇庆市鼎湖区永安镇大朗村吉庆大道。

三、环保家居室内装修与装潢

室内环境污染是大家一直关注的问题。室内装修与装潢是导致我国室内环境污染的主要原因之一。据统计，我国每年由于室内装修污染引起的死亡人数已达11万人，约68%的人体疾病与装修有关。室内污染物主要有甲醛、苯系物（苯、甲苯、二甲苯）、氨气、一氧化碳、二氧化碳、二氧化硫、放射性污染物氡等。

由于室内环境污染已成为一个日益严重的问题，如何创造绿色环保的室内环境，提高人们生活环境的质量是大家共同关心的问题。室内装修与装潢造成的污染主要和建筑材料、室内装饰材料以及家具相关。室内放射性污染物氡主要来源于建筑材料中的建筑石材（墙体、柱体、基础石等）、矿渣（墙砖、卫浴间填土）、混凝土等。而现代室内装饰材料里面大量使用黏合剂，这些黏合剂都含有甲醛，装修完成后，装饰材料里残留的甲醛就会挥发到空气中，造成室内空气污染。家具是室内空间里不可或缺的组成部分，作为家具基本材料的人造板所释放出来的甲醛、苯系物等有害物质也是导致室内污染的原因之一。因此，大力推广使用环保建筑材料、环保室内装饰材料、环保家具是解决室内污染问题的有效措施。

环保装修

在进行室内装修的时候，首先要选择正规企业生产的达到国家标准的绿色环保建筑材料，尽量不要选用含苯系物、甲醛的胶粘剂、油漆和板材等。其次，尽量选择由绿色材料制成的家具，如天然实木、竹材、藤材等，家具表面也要选用环保型涂料。最后，在选购家里装饰物品和家电时，尽量选购节能、低噪声、低辐射、无氟等正规厂家的产品。在家里装修与装潢完成后，可以摆放植物或者空气净化器等吸附空气中的污染物和净化室内空气。通过以上多种措施可以尽量减少室内空气的污染毒害，创造出的舒适、健康、环保的绿色室内环境。

四、绿色食品与健康饮食

"民以食为天"体现的是我们日常生活的方式。食品是否天然、安全和新鲜是大家普遍关注的问题。现在市场上一般把食品分成 4 类：普通食品、无公害食品、绿色食品和有机食品。与普通食品相比，无公害食品、绿色食品和有机食品在生产环境、生产过程控制及生产加工标准等方面要求相对严格。而无公害、绿色和有机食品之间也会有差别。在此特别对绿色食品作介绍。

绿色食品是指在无污染的条件下种植、养殖，施有机肥料，不使用高毒性、高残留农药，在标准环境、生产技术、卫生标准下加工生产，经权威机构认定并使用专门标识的安全、优质、营养类食品的统称。绿色食品的标志由太阳、叶片和蓓蕾组成，颜色为绿色。截止 2018 年 6月底，我们国家已注册的绿色食品已达 29 108 个。广大市民到超市购物的时候可以留意所选食品包装上是否贴有绿色食品的商标，从而了解现在市场上的绿色食品有哪些种类，方便选购。

香港的首家绿色食品概念店 Green Common 在 2015 年开业，店里的绿色食品都是从世界各地搜罗来的，有谷物、轻食、零食到酱料等。店里不仅提供新鲜的绿色食品，且货架上的不同标签还会简单介绍食材背后的理念、故事及营养数据。店里的装饰和宣传都与气候变化、环保等相关，向大家传递绿色生活、健康饮食的理念。而且 Green Common 还会定期举行烹饪分享会，教大家如何利用绿色食品烹调出健康美味的菜肴，使得健康饮食的习惯更加深入人心。广州市绿色食品办公室也在 2019 年 3 月 12 日开展了"春风万里，绿食有你"的绿色食品宣传活动。同时，该办公室组织了绿色食品检查员、监管员进行本市的绿色食品认证知识宣传和咨询服务，还组织了绿色企业展示当季绿色食品和试食活动，让市民了解绿色食品，倡导健康饮食，加快大湾区绿色食品产业的发展和健康饮食生活方式的推行。

绿色食品

五、大湾区垃圾分类

　　我国城市生活垃圾的处理主要采用卫生填埋法和焚烧法。在这些生活垃圾被运送到垃圾填埋场或者垃圾焚烧厂之前都没有进行分类收集和分类处理，导致大量有害物质如干电池、废弃灯管等污染城市环境，同时也加大了生活垃圾处理的难度。因此，需要加快推进城市生活垃圾分类法规的出台和实施，推动城市居民向绿色低碳生活迈进。

据统计，2018 年上半年广州市月均产生生活垃圾 72 万 t，城市生活垃圾处理问题已变得十分严峻。如何实现粤港澳大湾区城市生活垃圾资源化、无害化、减量化的目标，各级政府都在研究并出台了一系列与垃圾分类工作相关的规定和方案。在大湾区的 11 个城市里，香港和澳门最早提出和实施城市垃圾分类系统。经过十几年的城市垃圾分类经验探索，香港和澳门的分类模式及经验对珠江三角洲的广州、深圳、东莞、珠海、佛山、惠州、中山、江门、肇庆都有借鉴意义。近几年，珠江三角洲 9 市也相继出台了许多城市生活垃圾工作实施方案和相关规定，逐渐完善生活垃圾的"源头分类—收集—运输—处理"体系，同时加大生活垃圾分类执法监督力度。粤港澳大湾区城市垃圾分类做法情况。

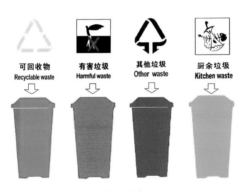

垃圾分类

值得高兴的是，国家住房和城乡建设部 2018 年第二季度垃圾分类"国家级考试"中，深圳市在 46 个重点城市中整体排名位居全国第二，广州市排名全国第六。取得这样的成绩与广州市和深圳市各级政府和广大市民对垃圾分类的重视和支持密不可分，同时也推动着未来大湾区绿色低碳城市生活模式的建设运营。

粤港澳大湾区城市垃圾分类做法

城市	政策	计划与成果
广州	《广州市农村生活垃圾分类工作实施方案》《广州市生活垃圾强制分类制度方案》《广州市深化生活垃圾分类工作实施方案（2017—2020年）》《广州市生活垃圾分类管理条例》	1. "荔湾西村"模式 2. "番禺草桥"模式 3. "海珠轻工"模式 4. "越秀白云"模式 5. "花都花城"模式 6. "增城小楼"模式
深圳	《家庭生活垃圾分类投放指引》《深圳市全面推进生活垃圾强制分类行动方案（2019—2020）》《深圳经济特区生活垃圾分类投放规定（草案）》	1. 周六"资源回收日" 2. "楼层撤桶＋定时定点督导"
香港	《住宅屋宇废物分类源头指导手册》《都市固体废物管理政策大纲（2005—2014）》《香港资源循环蓝图2013—2022》	1. 推行多种回收袋、盒子和分类垃圾桶 2. "随时放置，随时收集" 3. "分时放置，分时收集" 4. 都市固体废物征费
澳门	《家居分类回收计划》	1. 建立封闭垃圾站和移动式垃圾压缩站 2. 餐厨垃圾回收降解 3. 建立"城市自动垃圾收集系统"
珠海	《推进生活垃圾分类工作方案》《珠海市生活垃圾分类系统建设管理指南（试行）》《珠海市居民生活垃圾分类投放指引》	1. 周六"资源回收日" 2. 建立"珠海垃圾分类"微信公众号
东莞	《东莞市生活垃圾强制分类工作方案》	小黄狗AI智能垃圾分类回收项目
佛山	《佛山市城乡生活垃圾分流分类减量工作方案》	1. "四化提升"计划 2. "五个五"分类试点单位 3. 示范片区"三个全覆盖"
惠州	《惠州市推进城市生活垃圾分类工作三年行动计划》《惠州市生活垃圾分类实施规划（草案）》	1. 建立6个垃圾分类示范区 2. 鼓励企业参与 3. 生活垃圾分类补贴机制
中山	《中山市生活垃圾强制分类整改工作方案》《中山市生活垃圾分类设施设备配置标准》《中山市生活垃圾强制分类整改工作实施细则》	1. 开发了垃圾分类智能回收系统 2. 建立市区内3个试点和1个镇区试点 3. 政府购买社会服务

续表

城市	政策	计划与成果
江门	《江门市蓬江区生活垃圾分类实施方案》	1. 建立垃圾分类试点 2. 结合"互联网+"的技术手段，初步建成生活垃圾分类体系
肇庆	《肇庆市城乡生活垃圾强制分类实施方案》	约90个镇列入试点

六、绿色环保面料与旧衣改造

随着我国生态文明建设逐步推进和消费者环境保护意识的加强，人们开始关注使用绿色环保面料制作的衣服。环保面料是指符合国家环境标志产品技术要求和通过纺织行业安全检测，并对周围环境和人体健康无害的制衣原材料。纺织产品危害环境和人体健康的事件时有发生，如儿童纸尿裤甲醛超标事件，多家纺织企业因环保原因被关停，中国服装出口遭遇"绿色贸易壁垒"等。有鉴于此，时尚界与纺织行业人员都在推动本行业的"绿色革命"，其中包括推广绿色环保面料和旧衣改造。

大众普遍认为棉、麻、毛、丝等制作而成的衣服就是"天然"和"安全"的环保纺织品。其实，在种植上述原料的过程中可能会使用大量的杀虫剂，导致农药残留其中，使用这些已被污染的纺织原料制成的衣服会对皮肤或者呼吸道产生危害。对于环保服装的认定有三个标准：生产制作过程无污染化；人体着装无污染化；废弃过程

旧衣回收

无污染化。近年来，许多大牌的服装设计师已经开始逐步使用绿色环保面料来制作衣服，例如生态棉和羊毛、玉米纤维、大豆纤维、竹子纤维、莫代尔纤维、天丝等。使用这些绿色环保面料制作的衣服舒适贴身、亲肤性强、透气吸湿，受到大家的广泛喜爱。

除了绿色环保面料的使用和开发外，旧衣改造也是现在城市居民非常热衷的一个生活方式。香港纺织及成衣研发中心与其本地厂商合作，在港设自动化环保纱厂，可将旧衣重制成新纺纱，向大众推广旧衣回收循环再造的重要性。政府和企业也会在住宅架空层或者社区活动中心等公共区域设置旧衣回收箱，呼吁居民把家里闲置干净的衣服放进回收箱中集中处理。有些企业还推出专门回收和出售闲置衣服的网络平台和APP软件，真正使这些旧衣重新流行起来，让穿着这些再造衣的人们能够珍惜衣服，做一个理性的绿色消费者。

七、大湾区市民绿色出行情况

《粤港澳大湾区发展规划纲要》中指出，粤港澳大湾区将以连通内地与港澳及珠江口东西两岸为重点，加上港珠澳大桥的作用，构建以高速铁路、城际铁路和高等级公路为主体的城际快速交通网络，力争实现大湾区主要城市间 1h 通达。除了陆地交通网络的构建，以广州白云国际机场和广州港为代表的空中与海上的交通网络也将会加紧建设，努力打造大湾区"城市群"运输网络，增加各城市居民间交流合作机会。

据调查，大湾区城市的个人登记的小汽车保有量持续增长，加剧了城市内的交通拥堵。因此提高公共交通分担率，打造绿色低碳工作生活模式是未来大湾区生态文明建设的一个重要目标。公共交通分担率是指城市居民选择公共交通工具（包括公交车、地铁、水上巴士等）的出行量占总出行量的比率。大湾区多个城市的市政府对公共交通分担率有明确的要求，例如佛山市提出将在2020年推动公共交通出行分担率从现在的35.5%提高到50%；深圳市将推

截至2018年12月,广州市公共交通
日均客运量约1 487万人次
公共交通机动化分担率61.1%
地铁线路13条,运营里程392km
有轨电车线1条,运营里程7.7km
公交线路1 226条
公共汽(电)车14 852辆
水上巴士线路14条

广州市公共交通情况

动公共交通出行分担率提高到60%以上。香港近几十年来一直致力于建设致密而便利的交通体系，通过多种公共交通工具（小巴、双城巴士、渡轮、地铁）的运营，使得香港的公共交通与社区深度融合，公共交通已成为香港市民出行的主要选择方式。

2013年广州入选国家"公交都市"建设示范城市，广州各区的公共交通发展体制机制越趋完善。近年来，广州市政府推动公交、地铁移动支付全覆盖，减少市民乘坐公共交通工具时买票的时间，有利于提高绿色出行的比例。为了表彰广州市在推进"公交都市"创建所取得的突出成绩，2018年12月13日，交通运输部正式授予广州市"公交都市建设示范城市"称号。同时，广州市政府也在不断促进纯电动公交车和新能源汽车的推广应用，加强电动公交车和汽车充电基础设施建设，鼓励市民购买新能源汽车，着力打造城市居民绿色低碳出行方式。

八、大湾区城市公园介绍

　　城市公园作为城市公共空间的重要组成部分，一直以来都是城市居民休闲活动的场所。虽然城市的建立已有几千年的历史，但是世界上第一个城市公园（伯肯海德公园）直到19世纪40年代才在英国利物浦市诞生。经过170多年的发展，现在的城市公园不仅提供给城市居民休息、娱乐、观赏和保健等功能，还具有提高城市生态环境质量，美化城市环境，承担城市防灾减灾、科普教育等作用。

香港海洋公园

　　一般来说，城市公园可以划分为5种类型：文化遗址公园、游乐公园、综合性公园、社区公园、生态公园。文化遗址公园可以让城市居民了解遗址和遗迹的历史，唤起人们的怀古之情，具有科普教育和休憩娱乐的功能，例如广州的中山纪念堂和黄花岗公园、香港的九龙寨城公园等。

游乐公园主要提供各种游乐设施给亲子游玩，像城市的儿童公园、香港迪士尼公园等。综合性公园的功能包括休闲娱乐、科普教育、生态观赏等，像广州的华南植物园和香港的海洋公园等。社区公园与城市居民的日常工作、生活密切相关，是一个集体育、文化、创意、历史等功能于一体的城市公共空间。居民在社区公园里可以锻炼身体，与街坊邻里交流，参加社区文化活动和了解所在社区的历史底蕴，广州的沙面公园便是很好的例子。生态公园强调的是它的生态价值。城市的生态公园以乡土植物为主，为城市生物多样性的保育和保护提供保障，是城市居民学习自然生态环境和进行野外活动的最佳去处，例如广州的火炉山森林公园、香港的香港仔郊野公园、澳门的石排湾郊野公园等。

广州中山纪念堂

随着大湾区城市群的繁荣发展，城市公园在城市可持续发展中起到十分重要的作用，它为生活在城市里的居民以及旅游者提供了一个旅游娱乐、休闲健身、科普教育以及人际交流的场所，是我们国家生态文明建设不可或缺的组成部分。以下是粤港澳大湾区内广州、香港、澳门的城市公园一览表：

广州城市公园一览表

序号	公园名称	地址	票价
1	广州动物园	广州市越秀区先烈中路 120 号	全票 20 元
2	广州雕塑公园	广州市白云区飞鹅岭	全票 10 元
3	兰圃花园	广州市越秀区解放北路 901 号	全票 8 元
4	云台花园	广州市白云区白云山风景区南麓近白云索道	全票 10 元
5	王子山森林公园	广州市花都区梯面镇县道 X404 芙蓉旅游度假区	全票 30 元
6	南沙湿地公园	广州市南沙区万顷沙镇新港大道 1 号	全票 50 元
7	广州鳄鱼公园	广州市番禺区大石镇石北大道	全票 90 元
8	流溪河国家森林公园	广州市从化区良口镇流溪河林场香雪大街 48 号	全票 40 元
9	中山纪念堂	广州市越秀区东风中路 259 号	全票 9 元
10	东山湖公园	广州市越秀区东湖路 123 号	免费
11	人民公园	广州市越秀区府前路	免费
12	广州市儿童公园	广州市白云区齐心路	免费
13	海心沙亚运公园	广州市天河区珠江新城临江大道南	免费
14	海珠湖公园	广州市海珠区新滘中路 168 号	免费
15	白云湖公园	广州市白云区石井大道，近大岗村	免费
16	晓港公园	广州市海珠区前进路 146 号	免费
17	广州文化公园	广州市荔湾区西堤二马路 37 号	免费

续表

序号	公园名称	地址	票价
18	珠江公园	广州市天河区金穗路 900 号	免费
19	三元里抗英斗争纪念公园	广州市白云区三元里大道 35 号	免费
20	天河公园	广州天河区员村	免费
21	荔湾湖公园	广州市荔湾区龙津西路 155 号	免费
22	越秀公园	广州市越秀区解放北路 988 号	免费
23	麓湖公园	广州市越秀区广园中路麓景路 11 号	免费
24	双桥公园	广州市荔湾区坦尾路 1 号	免费
25	山顶公园	广州市白云区广园中路白云山景区	免费
26	萝岗香雪公园	广州市黄埔区萝岗镇萝峰路萝峰寺对面	免费
27	广州发展公园	广州市越秀区二沙岛中央区域	免费
28	马鞍山公园	广州市花都区凤凰北路 23-26 号对面	免费
29	彭加木公园	广州市白云区槎溪大道 15 号	免费
30	瓦壶岗公园	广州市黄埔区蟹山路 35 号	免费
31	宏城公园	广州市越秀区二沙岛晴澜路 72 号	免费
32	天河儿童公园	广州市天河区东圃镇吉山村	免费
33	青年公园	广州市荔湾区南岸路 5 号	免费
34	东风公园	广州市越秀区广州大道北 199 号	免费
35	广州沙面公园	广州市荔湾区沙面南街 3 号	免费
36	醉观公园	广州市荔湾区芳村大道中 275 号	免费
37	大沙河湿地公园	广州市荔湾区龙溪大道龙溪地铁口 A 出口附近	免费
38	增埗公园	广州市荔湾区福州路 8 号（近富力桃园）	免费
39	西焦生态公园	广州市荔湾区富力路 42 号	免费
40	广州起义烈士陵园	广州市越秀区中山二路 92 号	免费
41	七星岗公园	广州市番禺区南村镇广新公路	免费
42	黄花岗公园	广州市越秀区先烈中路 79 号	免费

续表

序号	公园名称	地址	票价
43	大岗公园	广州市南沙区兴业路大岗公园	免费
44	流花湖公园	广州市越秀区流花路 100 号	免费
45	金坑森林公园	广州市增城区金坑林场	免费
46	白兰花森林公园	广州市黄埔区萝岗区九佛镇莲塘村旁	免费
47	龙头山森林公园	广州市黄埔区穗东街庙头社区龙头路	免费
48	牛角岭森林公园	广州市黄埔区映日路	免费
49	善坑顶森林公园	广州市黄埔区科城山庄（峻祥路）	免费
50	大象岗森林公园	广州市番禺区大石镇	免费
51	边岗岭森林公园	广州市黄埔区科学广场（凝彩路）	免费
52	狮子岭森林公园	广州市黄埔区科学广场（揽月路）	免费
53	耙田山森林公园	广州市黄埔区新桂路	免费
54	广东树木公园	广州市天河区广汕公路 233 号	免费
56	火炉山森林公园	广州市天河区华美路与广汕二路交接处	免费
57	龙眼洞森林公园	广州市天河区迎龙路	免费
58	凤凰山森林公园	广州市天河区渔东路	免费
59	九龙湖生态公园	广州市花都区花东镇鸿鹤村	免费
60	盘古王公园	广州市花都区狮岭镇振兴村盘古北路	免费
61	华岭森林公园	广州市花都区炭步镇华岭村	免费
62	义山森林公园	广州市花都区狮岭镇义山村	免费
63	大夫山森林公园	广州市番禺区禺山西路 668 号	免费
64	滴水岩森林公园	广州市番禺区沙湾镇北村桃园岗	免费
65	黄山鲁森林公园	广州市南沙区黄山鲁西侧进山道路星河丹堤旁	免费
67	十八罗汉山森林公园	广州市南沙区大岗镇繁荣路	免费
68	凤云岭森林公园	广州市从化区街口镇	免费
69	北回归线森林公园	广州市从化区太平镇	免费
70	太子坑森林公园	广州市增城区增江街联益村	免费
71	大封门森林公园	广州市增城区派潭镇高滩村	免费

续表

序号	公园名称	地址	票价
72	蕉石岭森林公园	广州市增城区增江街东方村	免费
73	南香山森林公园	广州市增城区永宁街木棉村	免费
74	九峰山森林公园	广州市增城区正果镇正果洋村	免费
75	四望岗森林公园	广州市增城区新塘镇区	免费
76	何仙姑森林公园	广州市增城区小楼镇小楼村	免费
77	蒙花布森林公园	广州市增城区正果镇蒙花布村	免费
78	五叠岭森林公园	广州市增城区仙村镇基岗村	免费
79	东西境森林公园	广州市增城区小楼镇西境村	免费
80	后龙山森林公园	广州市增城区小楼镇江坳村	免费
81	麻车森林公园	广州市增城区石滩镇麻车村	免费
82	大埔围森林公园	广州市增城区增江街大埔围村	免费
83	中新森林公园	增城中新镇西北面约2公里处	免费
84	白洞森林公园	增城中新镇东面约3公里处	免费
85	聚龙山森林公园	广州市白云区太和镇	免费
86	白云儿童公园	广州市白云区平乐街与彩滨中路交叉口	免费
87	荔湾儿童公园	广州市荔湾区浣花路埗头西街36号	免费
88	海珠儿童公园	广州市海珠区洛溪大桥以东,环城高速以南	免费
89	萝岗儿童公园	广州市萝岗区开创大道以北、水西路以东	免费
90	天河儿童公园	广州市天河区珠吉路旁	免费
91	花都儿童公园	广州市花都区花城街平石东路	免费
92	越秀儿童公园	广州市越秀区一德路与人民南路交界	免费
93	从化儿童公园	广州市从化区河滨北路,东临流溪河	免费
94	广州市儿童公园	广州市白云新城云城东路	免费
95	番禺儿童公园	广州市番禺区大北路西侧城北公园	免费

续表

序号	公园名称	地址	票价
96	黄埔儿童公园	广州市黄埔区大沙中心城区，黄埔区法院旁	免费
97	南沙儿童公园	广州市南沙区蕉门河东岸	免费
98	增城儿童公园	广州市增城区荔城街光明西路，原增城公园	免费

香港城市公园一览表

序号	公园名称	地址	票价
1	香港湿地公园	香港新界天水围湿地公园路香港湿地公园	全票30港元
2	米埔湿地公园	香港新界西北面的米埔	全票120港元
3	香港海洋公园	香港岛香港仔黄竹坑南朗山香港海洋公园	全票480港元
4	香港迪士尼乐园	香港大屿山香港迪士尼乐园度假区	全票619港元
5	山顶公园	香港太平山山顶柯士甸山道	全票110港元
6	香港仔郊野公园	香港香港仔水塘道	免费
7	香港公园	香港中环红棉路19号	免费
8	九龙公园	香港九龙尖沙咀柯士甸道22号	免费
9	城门郊野公园	香港城门道与大榄涌引水道交叉口附近	免费
10	赛马会德华公园	香港新界荃湾市中心德华街	免费
11	维多利亚公园	香港铜锣湾兴发街1号	免费
12	海心公园	香港九龙城区土瓜湾落山街道	免费
13	九龙寨城公园	香港九龙城东正道	免费
14	大潭郊野公园	香港东区大潭水塘道	免费
15	花墟公园	香港九龙深水埗区	免费
16	国瑞路公园	香港荃湾区青山公路大窝口B口旁	免费

续表

序号	公园名称	地址	票价
17	北区公园	香港新界北区粉岭和上水之间	免费
18	香港地质公园	香港新界西贡惠民路西贡海滨公园（巴士总站旁边）	免费

澳门城市公园一览表

序号	公园名称	地址	票价
1	何贤公园（香山公园）	澳门新口岸区宋玉生广场	免费
2	卢廉若公园	澳门罗利老马路10号	免费
3	白鸽巢公园	澳门岛白鸽巢前地	免费
4	二龙喉公园	澳门士多纽拜斯大马路	免费
5	石排湾郊野公园	澳门路环岛西北石排湾公路旁	免费
6	大潭山郊野公园	澳门氹仔天文台斜路	免费
7	黑沙公园	澳门路环岛黑沙海滩旁	免费
8	路环山顶公园	澳门路环叠石塘山山顶	免费
9	加思栏花园	澳门东望洋新街与兵营斜巷交界	免费
10	花城公园	澳门氹仔埃武拉街和奥林匹克大马路之间	免费
11	螺丝山公园	澳门新雅马路与亚马喇马路之间	免费
12	得胜公园	澳门士多纽拜斯大马路与得胜马路之间	免费
13	纪念孙中山市政公园	澳门何贤绅士大马路	免费
14	嘉谟公园	澳门路氹城海边马路侧	免费
15	澳门松山市政公园	澳门东望洋山山顶	免费

九、大湾区户外徒步路径介绍

城市工作与生活的节奏越来越快，导致城市居民每天承受着来自工作和生活的双重压力。每到周末或长假期，越来越多的城市居民会选择参加丰富的户外活动，以期能充分地放松身心。户外徒步便是近年来十分受大家欢迎的健身方式，具有低碳环保、安全系数高、老少咸宜等优点。

与日常闲时散步不同的是，户外徒步是指在海拔 2 500m 以下山地进行的群众性中场距离的走路锻炼运动。在欧美等发达国家，户外徒步起步早，发展成熟。在这些国家的中小学里，户外徒步运动是一门必修课程，可见户外徒步教育理念已经深入人心。我国的户外徒步运动起步较晚，据调查统计，我国的户外徒步爱好者人数在 1 500 万～2 000 万之间。随着这项运动在我国的推广，这个数字在不断攀升，已经成为了一种时尚的绿色生活方式。

户外徒步活动

粤港澳大湾区城市人口规模大，忙碌的城市生活使得人们更愿意在周末的时候投身到轻松的户外活动中。大湾区内已有相当数量成熟且安全的户外徒步路径，长度和难易程度各不相同。各城市居民可以根据自己的身体状况和徒步路径信息选择适合自己的户外徒步路径。

当你在户外徒步的时候，可以慢慢探索未知的路径，发现沿途不一样的大自然风光，也可以不断地挑战和认识自己，充分感受在大自然中自由穿行的乐趣。

以下是广州和香港主要的户外徒步路径的一览表，供大家参考。

广州和香港主要的户外徒步路径

城市	路径名称	起点	终点	全长
广州	渔龙线	凤凰山下的渔东村	龙眼洞森林公园	约11km
	火凤线	火炉山	凤凰山	约10km
	从化影古徒步路线	从化良口镇影村	吕田镇古田村	约50~60km
	火帽线	火炉山小卖部	帽峰山	约31km
香港	麦理浩径	西贡北潭涌	屯门	约100km
	卫奕信径	大潭郊野公园的赤柱峡道	下降南涌	约78km
	凤凰径	大屿山东岸的梅窝	梅窝	约70km
	港岛径	山顶	大浪湾	约50km
	蚺蛇尖	北潭凹	北潭凹	约14km
	狮子山	黄大仙地铁站	沙田围地铁站	约10km
	龙脊（港岛径的第八段）	土地湾	大浪湾	约8.5km
	凤凰山	伯公坳	昂坪	约5km
	南丫岛家乐径	索罟湾	榕树湾	约6km

十、大湾区"限塑令"介绍

据统计，全世界的塑料产量从1950年的230万t增长到2015年的4.48亿t，增幅达2 000倍。占全球总面积70%的海洋里布满了各种各样的塑料制品，这些塑料制品不仅分布在浅海的地方，甚至连深海区域都已经发现有很多塑料制品存在。海洋动物的胃里充斥着大量的塑料制品，许多鱼类、海龟、哺乳类动物经常被塑料线圈困住身体，无论如何都挣脱不开，直到死亡。根据《2016年中国海洋环境状况公报》所示，中国的海洋遭受了海面漂浮垃圾、海滩垃圾和海底垃圾的污染，其中大部分垃圾为塑料类垃圾。因此，海洋塑料污染已成为急需解决的问题，科学家、各国政府、非官方组织、企业、个人都开始采取措施，共同努力减缓全球海洋塑料污染问题。其中，城市"禁塑令"的推行就是一个非常好的开始。

"限塑令"可减少塑料污染

大湾区包括9市2区，其中深圳、珠海、惠州、江门、香港、澳门都是沿海地区，拥有优美的海岸线，是人们理想的生活与度假的地方。为了保护这得天独厚的海洋生态环境，大湾区内各个城市相继出台了限制塑料用品使用的法令和法规。澳门特别行政区行政会2019年3月14日公布，《限制提供塑料袋》的法律草案已经完成讨论，建议对零售行为中提供塑料袋实行"胶袋收费"的管制措施，由商户收取每个胶袋1澳门元的费用，如违反限制提供塑料袋的有关规定，处以澳门币1000元罚款；如违反合作义务，处以澳门币1万元罚款。为了应对海洋塑料污染问题，香港部分餐厅开始推广使用可循环利用的钢吸管；香港海洋公园在每年的 6 月 8 日世界海洋日里举行"无吸管日"活动；香港个人护理品牌屈臣氏将在未来 5 年内于全港设置 400 部"Green Point 智能胶樽回收机"，鼓励市民积极参与塑料瓶的回收活动。

城市"限塑令"的出台虽然在一定程度上减少了市民使用塑料用品的数量，但由于法令仅针对超薄塑料购物袋，对大量一次性塑料用品没有限制，而且超市的塑料购物袋价格低，相关执法力度不大，导致"限塑令"的效果大打折扣。因此，为了改善城市"限塑令"的效果，2018年底，广州市人民政府办公厅发布《广州市生活垃圾分类管理条例》实施意见，其中提到要加大"限塑令"执行力度，倡导使用菜篮子、布袋子，探索建立快递包装物强制回收制度，减少包装性废物。深圳市也面临着相似的情况，专家建议"深圳应以非凡的勇气，利用特区立法权，在全市范围内禁止（可降解的除外）使用塑料购物袋（箱），外卖、快递等行业循环使用塑料用品"。由此可以看出，城市限制塑料用品的使用还有很长的一段路要走，提高市民的环境保护意识，推广城市绿色生活方式，让塑料制品远离大家的工作与生活，需要全民携手共进。

十一、屋顶绿化与有机栽种

在现代城市发展规划中，城市绿化是一个非常重要的环节。传统的城市绿化注重地面绿化，像公园、绿化广场、社区花园等。随着城市人口不断增加，仅靠地面绿化已不足以满足城市居民对绿色空间的需求。因此，推广和发展屋顶绿化是改善城市居民生活环境空间的必由之路。

屋顶绿化是指在城市建筑物的顶部进行造园、植树栽花、建草坪的统称。它可以提高城市绿地空间，降低城市热岛效应，改善城市居民生活质量，是一个城市立体绿化空间的表现。我国从 20 世纪 60 年代开始就出现了许多屋顶花园，如广州东方宾馆顶楼的屋顶花园。这样的屋顶花园在当时是一个新的尝试，目的是让客人既可以在 10 层楼高的地方欣赏广州的景致，同时又可以放松身心。这个屋顶花园至今仍在使用，是东方宾馆的特色。随着建筑物设计和结构的不断变化，现在的屋顶绿化出现了各种类型。以前，屋顶绿化多建在机关、学校、医院等，现在一些居民小区、商业大楼以及文化娱乐的公共建筑顶层也建造了绿化空间。这样的改变与人们对屋顶绿化的认识和理解程度的加深密切相关，再加上政府的大力推广，使得屋顶绿化大受欢迎。深圳市政府出台了《深圳市立体绿化实施办法》，指出屋顶绿化最低可以享有政府 180 元／㎡的建设补贴；佛山市政府将在今年出台《佛山市立体绿化实施方案》，佛山市政府不仅会加快推广屋顶绿化措施，还会免费给市民发放种苗、种子，鼓励市民在住处屋顶进行绿化和栽种。

现在如果家里有屋顶天台或者有自家花园的市民都会选择亲自种植蔬菜瓜果。自家种植的食物不仅天然，而且还能节省家庭购买食材的开支。而平时家里产生的蔬果残渣可以当成有机肥料利用起来，减少家庭生活垃圾的产生，一举多得。家庭有机栽种可以减少工业化农耕对环境的污染，同时适量的园艺劳作会让人身心愉悦，感受到辛勤劳动后收获的满足。

房顶绿化

十二、环保生活产品的制造与生产

生活用品包罗万有，涉及人们的工作场所与生活居所。随着城市生活水平的提高，人们开始意识到在工作与生活中使用的产品应该是符合环境友好型的。在我国，对于那些质量合格而且在生产、使用和处理处置过程中符合环境保护要求的产品，将会获准使用"中国环境标志"的标志来区别于普通产品。中国环境标志的认证方式、程序等均按ISO14020系列标准（包括ISO14020、ISO14021、ISO14024等）规定的原则和程序实施，与国际通行环境标志计划做法相一致。而且中国已经与澳大利亚、韩国、日本、新西兰、德国、泰国、北欧等国家和地区的环境标志机构签署了互认合作和代理协议。

中国环境标志

环保生活产品

现在，环保生活产品越来越受到大家的欢迎。这类产品的制造原料都是使用天然物料、食物残渣、可再生材料等。比如：使用再生玻璃粉末、生物降解化合物制成的再生玻璃水杯；使用小树枝来作为刀、叉和勺子的柄；采用天然植物纤维（棉花）制成的浴巾；由海藻纱线手工编织而成了座椅面料；用玉米制成鞋底的运动鞋；还有用甘蔗为基础做成的乐高玩具等。许多工业设计师或者生活用品设计师已经意识到环保材料的运用将是行业未来的发展趋势。除了使用环保材料制成的生活用品，还有通过提高科技和工艺的水平来达到节能环保的产品。例如：收集汽车尾气中的粉尘来制作墨水；宜家的可充电1 500次电池和自带内置节水装置的水龙头；可以自动切掉电源的定时插座等。

上述所介绍的环保生活产品的制造与生产都与我们的工作和生活息息相关。这些类型丰富多样的环保产品可以让大家了解环保生活的设计和物料升级的启发性和独特性。

十三、大湾区"乐活市集"的兴起

近几年在国内大城市兴起的"乐活市集"与国外的周末市集相似，都是以贩卖手工制品、手工食品等生活食杂品为主。乐活（LOHAS）是英语Lifestyle of Health and Sustainability简称的音译名，意思就是健康与可持续生活方式。

广州万菱汇乐活市集

在"乐活市集"里售卖的东西都是秉持着健康和绿色生活理念的人自己手把手做出来的产品或者食品，像在国外的周末市集里也会经常看到的天然香皂、不含防腐剂的护肤品、自己家里栽种的有机瓜果蔬菜、手工编织的毛衣毛裤、使用植物染料制作的麻棉料衣服、木工制品等。除了手工产品和有机食品外，"乐活市集"还会举行各种活动像插花、绘画、制作手工皮制品和绿色植物微景观等。当然，少不了还有清新温暖的乡村音乐伴随着来参加市集的人们。忙碌工作后难得放松的周末，一家大小在城市的商场或者露天广场里参加这样的"乐活市集"，既可以选购各色绿色产品，认识志同道合的朋友，也可以学习新的技能，放松心情，真的是城市居民休闲娱乐的好地方，也是享受绿色生活方式的反映。

粤港澳大湾区内各个城市也相继办起了"乐活市集"。比如广州的"卡罗拉双擎乐活市集"，市民既可以选择做摊主分享自家制的手工制品和自家种的有机健康食品，也可以作为参与者来到市集里面品尝美味的食物，聆听悦耳的民谣，为家人选购绿色放心的有机栽种蔬菜和水果，甚至可以在读书会上分享自己最近的书单和正在读的书籍。带着小朋友过来的父母还可以参加拼图游戏，享受难得的亲子时光。有些"乐活市集"不仅可以购买新鲜的物品，还是二手物品交换和销售的场所。在那里，你可以以较为实惠的价钱淘到心爱的二手书、衣服、饰品等，也可以把家里闲置的、品相较好的东西拿来出售或者交换。

"乐活市集"的兴起是城市居民环境意识不断提高的体现，也是城市绿色生活方式慢慢成为城市居民主要生活方式的反映。

十四、大湾区环保艺术展览

环保与艺术的结合，不仅让公众可以近距离欣赏艺术作品的美妙之处，还可以通过艺术品传递环保理念。

艺术的表现手法丰富多样：图画、照片、视频、雕塑、服饰以及语录等。通过这些不同的艺术装置和场景可以多维度诠释展览所要表达的环保议题，带给观者非常特别的体验。比如像气候变化这种涉及全球的环保议题，有著名摄影师拍摄了数十名保护极地的名人影像来表彰他（她）们对环境保护的贡献；也有著名钢琴家在极地的冰盖上放置了一台钢琴并演奏了自己写给这片白色纯洁之地的赞歌，呼吁人们关注由于气候变化极地冰盖逐渐消融的现象；更有时装设计师利用回收的废旧材料或者环保材料设计当季衣服来倡导绿色消费的重要性。上述这些多样的艺术行为和展览都体现了艺术家对生态环境的关注以及他们在环保领域中所做的不懈努力。

随着大湾区内城市居民环保意识的不断提高，由政府、企业或者博物馆等牵头举办的环保艺术展览越来越多。香港海洋公园为宣传"同心协力，守护动物"这一环保计划，在其海洋奇观园区的门口放置了一只用塑料瓶做成的海龟装置，除了呼吁大家共同保护海洋动物外，还提醒大家海洋塑料污染的严重性。东莞市环境保护局在 2017 年也举办了首届环境文化节展览。该展览不仅有反映东莞美丽环境的摄影展，还有环境艺术手工艺作品展、环保征文作品展示等 7 项展览。广州的 K11 购物中心是一个集艺术欣赏、人文体验、自然环保的地标性商场。K11 商场里遍布各种前卫的艺术品，在商场的各个角落还种植了许多本土植物，其中一层设置了都市农庄。购物者不仅可以欣赏创意十足的艺术装置，还可以通过商场营造出来的都市绿洲体验去思考人与自然之间的关系。

艺术能让环境保护的观念更加深入人心。许多环保艺术展览的初衷都是想通过艺术装置或者艺术品对人心灵的强大感染力去揭示环境污染的现状和共同保护我们家园的愿景，享受艺术、人文、自然之间的相互交融。

用海洋塑料垃圾制作的海龟

PART 12

回顾与展望

一、改革开放 40 年广州与深圳生态环保的发展

广州市在 2006 年被列为广东省循环经济试点城市。广州市政府一直以来高度重视发展循环经济，努力构建循环经济产业体系，包括提升农业循环经济发展层次，扩大工业循环经济发展规模。至 2020 年，广州市每万元 GDP 能耗将降至 0.4t 标准煤，用水量减少约 25%。

珠江边的广州塔

"十三五"以来广州生态文明建设成效显著，绿色发展理念持续深化，生态文明制度体系加快构建，能源资源消耗强度大幅下降，生态环境状况得到较大改善。与 2013 年相比，2017 年 PM2.5 浓度下降 18μg / m³，达标天数增加 34 天，在国家中心城市中率先达标，国家督办的 35 条黑臭河涌基本实现不黑不臭，土壤污染防治有序起步。同时，广州不断完善生态文明机制体制建设，通过强化组织领导、加强统筹规划、增强空间管控、严格环境执法、紧抓纪律问责 5 个方面的机制完善，切实

保障环境安全。

"十二五"期间，深圳 PM2.5 浓度从 $44\mu g / m^3$ 下降到 $29.8\mu g / m^3$，灰霾天数由年 112 天降至 35 天；主要饮用水源水质达标率为 100%，东部近岸水质达到国家海水水质 I 类标准。青山绿水、蓝天白云已成为深圳发展的"新名片"。

健全的生态文明制度体系，是深圳绿色发展的抓手。近年来，深圳市在大力发展经济的同时，一直倾力加强生态环境保护，稳步向生态文明城市目标迈进，为全面建设生态文明示范市打下了坚实的基础。

现在这个常年山清水秀、鸟语花香的生态园林城市，森林覆盖率高达 41.2%，是全国空气质量最好的十大城市之一；区内 36 条 45 段黑臭水体经治理后基本消除黑臭；建成人才公园、香蜜公园和深圳湾滨海西段休闲带等一批精品公园，建有全国唯一一个位于城市腹地、面积最小的自然保护区——广东内伶仃岛—福田国家级自然保护区，"深圳蓝""深圳绿"成为城市最亮色。

深圳美景

二、大湾区未来生态环保发展展望

粤港澳大湾区总面积5.6万 km²，2017年GDP总额高达10.22万亿元，占全国GDP总量的12.57%；人均GDP达14.7万元，总人口达到6 956.8万。大湾区是我国开放程度最高、经济活力最强的区域之一，在国家发展大局中具有重要战略地位。改革开放以来，粤港澳合作不断深化，经济实力、区域竞争力显著增强，在此背景下，《粤港澳大湾区规划纲要》提出要建设富有活力和国际竞争力的一流湾区和世界级城市群，打造高质量发展的典范。

《粤港澳大湾区规划纲要》明确提出，建设粤港澳大湾区要牢固树立和践行绿水青山就是金山银山的理念，实行最严格的生态环境保护制度。《粤港澳大湾区规划纲要》中8次提到环保，35次提及生态，国家对粤港澳大湾区生态环保的重视程度可见一斑。高质量发展的前提是要绿色发展，而富有国际竞争力的一流湾区在生态环境上也须达到国际一流湾的水平。基本原则强调绿色发展，保护生态。大力推进生态文明建设，树立绿色发展理念，坚持节约资源和保护环境的基本国策，实行最严格的生态环境保护制度，坚持最严格的耕地保护制度和最严格的节约用地制度，推动形成绿色低碳的生产生活方式和城市建设运营模式，为居民提供良好的生态环境，促进大湾区可持续发展。

战略定位包括宜居宜业宜游的优质生活圈。坚持以人民为中心的发展思想，践行生态文明理念，建设生态安全、环境优美、社会安定、文化繁荣的美丽湾区。发展目标强调产业结构优化、生态环境优美。明确了大湾区的发展目标：到2022年，粤港澳大湾区综合实力显著增强，粤港澳合作更加深入广泛，区域内生发展动力进一步提升，发展活力充沛、创新能力突出、产业结构优化、要素流动顺畅、生态环境优美的国际一流湾区和世界级城市群框架基本形成。其中，具体目标包括交通、能源、信息、水利等基础设施支撑保障能力进一步增强，城市发展及运营能力进一步提升；绿色智慧节能低碳的生产生活方式和城市建设运营模式初步确立，居民生活更加便利、更加幸福。远期目标中提到，到 2035 年，资源节约集约利用水平显著提高，生态环境得到有效保护，宜居宜业宜游的国际一流湾区全面建成。

同时，《粤港澳大湾区规划方案》也对大气、土壤、农业污染防治进行了部署，提出强化区域大气污染联防联控，实施更严格的清洁航运政策，实施多污染物协同减排，统筹防治臭氧和细颗粒物（PM2.5）污染。加强危险废物区域协同处置能力建设，强化跨境转移监管，提升固体废物无害化、减量化、资源化水平。开展粤港澳土壤治理修复技术交流与合作，积极推进受污染土壤的治理与修复示范，强化受污染耕地和污染地块安全利用，防控农业面源污染，保障农产品质量和人居环境安全。在制度保障方面，《粤港澳大湾区规划方案》提出要建立环境污染"黑名单"制度，健全环保信用评价、信息强制性披露、严惩重罚等制度。在创新绿色低碳发展模式方面，《粤港澳大湾区规划纲要》提出要挖掘温室气体减排潜力，采取积极措施，主动适应气候变化。加强低碳发展及节能环保技术的交流合作，进一步推广清洁生产技术；采用先进适用节能低碳环保技术改造提升传统产业，加快构建绿色产业体系；推进能源生产和消费革命，构建清洁低碳、安全高效的能源体系。推进资源全面节约和循环利用，实行生产者责任延伸制度，推动生产企业切实落实废弃产品回收责任。培育发展新兴服务业态，加快节能环保与大数据、互联网、物联网的融合。广泛开展绿色生活行动，加强城市绿道、森林湿地步道等公共慢行系统建设，鼓励低碳出行。推广碳普惠制试点经验，推动粤港澳碳标签互认机制研究与应用。